未读 | 生活家

人生学校：平静的力量

目录

Calm

平静的力量

  保持平静是一项极其重要的生活技能，但往往被忽视。最糊涂的决定也好，最糟糕的处世之道也罢，几乎都是因为无法平心静气所致，最终也导致了焦虑与不安。然而，颇为幸运（也略微出乎意料）的是，通过训练，保持平静的能力可以得到提升。只要我们不故步自封，那么，应对日常挑战的能力自然会大大加强。通过自我教育，可掌握保持平静的技巧；而这种自我教育是需要通过思考来实现的，而不是通过放慢呼吸频率或饮用特制饮料。本书作者耐心地为我们揭示了人们所能承受的最大压力之源。书中论据丰富，灵巧高妙，令人信服，也让人忍俊不禁。读完此书，相信我们就不会再轻易地陷入惶恐不安、大发雷霆的境地了。

序言

平心静气有一种超强的天然吸引力。我们大多数人期望能多些耐心，能处变不惊、波澜不兴，能淡定从容地笑对挫折与烦恼。

但是，我们对于如何保持平静心态还一知半解，焦虑日夜困扰着我们，如影随形。或许此时此刻，它就在我们身旁。

近些年来，西方社会出现了一种极为流行的应对焦虑的方式。人们从佛教学说中汲取灵感，即通过冥想以清空心中的欲念。具体的做法是：静坐（甚至还得采用某种特别的坐姿），并通过各种各样的练习来清空思绪。此举目的在于，将人们意识当中的烦心之事与芜杂之物清除出去，给大脑留出一片空间，以获得宁静，并感知自己的存在。

言下之意：我们所害怕的许多事情都是杂乱无章且徒

劳无益的，因此最佳的解决方案便是使自己趋于平静。该观点还表明，焦虑不安并不能传递出特别的信息。但是，另一种观点则认为，焦虑是精神纠结的反应，它传递出了关键的信号，表明人们的生活有所缺失。支持这种说法的流派认为，关键并不在于试图否认焦虑的存在或将其淡化，而是应该学会更加娴熟地对其进行解读，解读出恐慌时刻所传递给我们的有用信息。诚然，这一过程令人备觉痛苦。

一旦我们失去了平静心态，就应该自行分析，这样才能更好地了解自身。担忧、沮丧、不耐烦，抑或恼怒之时，我们往往会有所收获，甚至受益匪浅，前提是要不怕麻烦，勤于剖析。相较于努力清空大脑杂念，更为可取的办法是小心翼翼地观察自身的焦虑表现，以发现潜在问题，这才是通往平静的康庄大道。

本书采取的研究路径如下：系统分析"罪魁祸首"，即造成焦虑、愤怒和气恼的一系列问题，找出个中缘由，仔细思考造成我们心烦意乱的具体原因；探寻人类大脑中存在的某些不为人知的神秘领域；耐心、细致地对其进行解读，以求获得平静的心态。

第一章
情感关系

一　浪漫期待

　　情感关系中总是充斥着各种声音，也掺杂着各种痛苦，而其背后则隐藏着我们最大的梦想：期盼找到一个能与之幸福相守的人。这听起来是那么的可笑，因为有时候总是事与愿违。

　　我们梦想着有人会理解我们，与我们互诉衷肠、分享秘密。在他们面前，我们可以展现自己最真实的一面：或脆弱，或嬉闹，或放松。

　　于是，噩梦就此拉开了帷幕。我们首先从他人的情感经历中对爱情略知一二，例如，我们正在刷牙，突然隔壁房间传来了一对夫妇的对骂声；或者在餐厅里，看见了一对闷闷不乐、相对无语的情侣。当然，有时我们自身也会经历这样或那样的情感波动。

在情感关系中，我们会最大限度地放纵自己。恋爱中的我们变得连朋友们都快认不出来了。我们动辄黯然神伤，大发脾气，令人大跌眼镜。也会突然冷若冰霜，莫名大发雷霆，甚至摔门而去。我们粗口频发，伤人的话语脱口而出。我们对自己的情感寄予了过高的期望，而在现实中，却发现造物弄人，历经的情感只能让我们徒增无限的悲伤。

人类大脑工作方式的一大基本特征便是：会对事情的走向产生期待，因此常常忽略实际的发展态势，同时又对未来的发展趋势做了种种预设。这些"期待"绝非随意为之。事实上，我们甚至将其当成了衡量实际情况的标准。"一塌糊涂"也好，"美妙无比"也罢，其评判标准并不在于事物本身，这是因为人们潜意识中已经确立了所谓的"常态"概念，并以此为准，对事物做出评判。最终我们或许会以一种极不公正的方式看待现实问题。

我们之所以勃然大怒，正是因为期待落空了。虽然许多事情都有可能出错，但我们不会因此破口大骂，可要是事出意外，我们就会大为光火。就好像，复活节假期如果是阳光灿烂的话，自然是再好不过了，但经过长年累月的观察，我们渐渐了解到，复活节期间的天气总是不尽如人意，到处都是湿漉漉、灰蒙蒙的。所以，即便那时天空淅淅沥沥地下起小雨，我们也不会捶胸顿足。因为已经做好了心理准备，遇到再令人沮丧的情形，也不会大发脾气。或许有点失落，但还不至于动怒。但是，如果换作是临时找不到车钥匙的情况，那我们的反应就会大相径庭了。车钥匙一般会放在门边手套下方的小抽屉里，找不到则有违期待。肯定有人故意把那该死的钥匙拿走了。明明我们可以准时到达，现在却要迟到了！事态急转直下，一发不可收拾。我们之所以会异常愤怒，是因为在内心深处，我们固执地认定，在这个世界上，车钥匙根本就不可能找不到。这是一种危险的想法。在不知不觉中形成的期望，总是会引领我们走向痛苦的"广袤天地"。

恋爱中的人们，往往期待值最高。夫妻相濡以沫数十载后会是怎样一种情景？坊间流传着各种各样的浪漫说法。而恋爱双方也会面临诸多挑战，对此我们并不陌生。我们注意到周围的人都在为爱苦苦挣扎，分手、分居、离婚等情感问题频频发生。尽管如此，对于诸如此类的伤心事，我们总是能泰然处之。虽然有很多证据表明，爱情会带来无尽的烦恼，但我们却坚信自己对于爱情的理解与信念，然而美好的爱情却从未出现在我们身边。

尽管困难重重，但我们依旧勇敢地相信，自己一定会受到老天的眷顾。有朝一日，一定会遇见冥冥之中的那个人——那个与我们"天造地设"的另一半——有了他，我们便会事事顺心，心满意足地过好每一天。

这并非痴人说梦，只是在回忆往昔。我们对于爱情的期望并不是来源于成年后的所见所闻，其真正的来源略显神秘，即孩提时代。当我们处于襁褓之中时，与父母的关系是：舒适安全，"无须言传，即可意会"。这深深地影响着我们成年后关于"幸福的两口子"的想法。心理分析师认为，早在娘胎和婴儿期，人类就懂得爱的存在，那是最温馨的时候。爱意满满的父母与我们交流的方式类似于成年后的另一半可能采取的方式。他们能满足我们的需求，甚至对于无法言传的需求也了然于心。父母带给我们踏实的安全感，他们拥抱我们，哄我们入睡。我们将过去的美好回忆寄托在未来的时光中，期待重现往日的美好时光，一改当下不尽如人意之处。

一直以来，我们都梦想着收获甜蜜的爱情。以前人们并不认为婚姻是爱情的果实。比如说，生活在十八世纪的某个法国贵族人士会理所当然地认为：婚姻只是繁衍后代、财产继承和社群联结的必需品罢了。他并不期待婚姻还能带来其他的东西，如与配偶幸福地生活在一起。他觉得只有风流韵事才有幸福可言，温柔细腻又复杂的情感才是他真正的目标。柴米油盐的真实生活与亲密无间、思想交融的浪漫向往是两条永远都不会相交的平行线。直到近代，人们才认为婚姻中也可能存在理想的爱情，甚至认为它是必要的。当然，我们清楚婚姻中会涉及许多实际的问题，比如各种抵押贷款利率、挑选儿童汽车座椅，等等。但是，与此同时，我们也期待着情感关系能够满足自己的渴望，即另一半能善解人意、温柔待己。

然而，我们的期待让事情变得棘手。

通常我们会有这样的期待：好的另一半总是那么通情达理，所以没必要把所思所想一五一十地讲给他听。工作了一整天，我们已经累得筋疲力尽，不必再向他讲明自己需要独处，他应该能了解我们的感受，并悄悄地回避。即使我们并未通过言语表明内心的想法，他也能敏锐地察觉到。他应该坚定地和我们站在同一条战线上，他会感同身受，不会固执地要求我们替他做某些事情，也不会提出过多要求。他的朋友们不会让我们心烦。他的家人应对我们鼓励有加，同时也不会干涉我们的生活。

奇怪的是，即便有过相当不愉快的情感经历，我们却从不愿放弃希望。似乎，过往的经历无法打消我们的期待。一旦失败，我们就会将原因归咎于另一方，即出现在前任身上的某些古怪的习惯，以及他拒绝接受我们的建议，拒绝变得成熟。我们对于前任横加指责，却不愿反思爱情本身。我们将责任推卸到其他的事情上，但从不曾反思自己的爱情观是否合理。很快，我们转而寻找新的另一半，并将过高的期待寄托在他的身上，而这必然又将带来新的烦恼。

　　感情出现问题时，我们不愿将其归咎于自己对于爱情的过高期待。相反，我们会就地寻找问题，盯着另一半身上的某些缺点，认为是它们破坏了自己对于浪漫的向往。我们成为"找碴专家"，认为对方自私自利，不听我们讲话，变得异常冷酷，常常令我们失望，也根本无法理解我们的想法。这不是"爱情"的问题，是他的问题，换一个人就绝不至于如此。比如，在会议上看到的那个人就一定不会是这样的。他看起来很友善，我们就主讲人的主题简短地交谈了一会儿，无伤大雅地调侃了一下他脖子的斜度和口音。然后，得出了一个不容置疑的结论：和他在一起会更容易。可能会有更好的生活在转角等待着。

对于共同生活的伴侣，我们的态度可能最为荒唐、恶劣。而与同事或朋友相处时，却能一如既往地友好、文明。我们对另一半许下了所能想到的最无私而慷慨的诺言，会在遗嘱里写上他的名字，并同意将我们的收入和余生与之分享。也会告诉他，我们能想到的最坏的事情——那些从未想过要对别人说的事情。对于大多数人来说，我们是可靠的公民。我们对三明治店的人总是很好；我们与同事合理地讨论问题；在朋友的周围我们总是很开心。不过呢，我们也不想有不礼貌的表现，在这些方面也没什么期望。

没有人能像我们的伴侣那样使我们大发雷霆，这是因为我们对他们寄予了最高的期待。这种"乐观"是如此危险，以至于不如意时我们甚至会称呼他们为"白痴"或"懦夫"。强烈的失望和沮丧感来源于我们对"希望"的深深的期待。这是一种奇怪的爱的礼物。

因此，要想真正平静下来，不妨求助于悲观主义哲学。乍一听，悲观主义不是有害的吗？因为人们习惯于贬低悲观主义，它通常与顺从、愤世嫉俗联系在一起，会阻碍更好的事情发生。但是当涉及情感关系时，"期待"才是爱的敌人，正是它摧毁了我们想要的一切。

在坠入爱河之前，双方应该牢记在心的是：彼此之间，或多或少会产生误解，这是常态，大可不必感到惊讶，甚至怨恨。我们的大脑极其复杂、难以捉摸，无怪他人猜不出我们的真实想法。理想的情况是，我们从一开始便对自己的期待做出相应的调整。因为即便是那些对我们最温柔体贴的人也可能无法完全了解我们，但这并不意味着会一直痛苦。当然，爱情的确也不会进展得很顺利，特别是在初期更是如此。另一半说的某些话与我们内心的信念极其相符。他所展现出来的对我们的理解甚至超出了想象。但是这并非常有之事。随着时间的流逝，我们会发现，理解不到位才是常态。此时，我们并不会感到生气或惊讶。因为从一开始，我们就已经正确地调整了自己的期待，不会愤愤不平或是怀有戒心，只是感恩自己已做好了心理准备。

理想的情况下，我们会认识到，在任何一段感情当中，对于重大问题双方都可能出现分歧，甚至是无法调和的分歧。我们并不想这样，更不是刻意去寻找与自己意见不符的人成为伴侣，而是我们找不到在一切重大问题上都与我们意见完全一致的人。我们认为，一段美好的感情应该是在若干重大问题上，两人意见都能保持高度统一；而在其他事情上，则可持有截然不同的态度和想法。这种分歧其实再正常不过了，它并不意味着认错或是让步。正如，虽然某同事对于完美假期的定义或就寝时间与我们不同，但这没关系，我们还是能和他愉快地共事。我们知道良好的工作关系并不意味着"签订了一揽子协议"，即事事皆无异议。相反，我们认为另一半可能经常忙于其他事务，而这些事务与己无关。

处于大千世界之中，我们应该时常提醒自己，为什么人们根本无法实现人们对于浪漫爱情的期待？

其一，另一半并非自己

对我们来说有一件很重要的事情，即不可能与另一个人同步。为什么对方要与你同时感到疲劳；想吃同样的东西；喜爱相同的音乐；有同样的审美偏好，以及对金钱的态度和对圣诞节的看法一样？比如婴儿，他们有一个显著的特点，即在相当长的一段时间里，他们并不认为母亲是另一个个体。这是十分令人惊奇的。在婴儿看来，母亲只是自己的附属品，仿佛是自己可以控制的一个肢体，然而他们又无法完全掌控这个肢体。渐渐地，他们开始意识到，母亲是另一个个体：当孩子感到快乐时，她可能正在感到悲伤；或者当孩子准备在床上跳上十分钟时，她已经累了。在成年人的情感关系中也会出现类似的错觉。人们得花上一段时间才能意识到，他人不是另一个自己，而是独立的个体，有着不同的见解和心境，通常会与我们截然相反。

其二，好开端不一定会有好结果

成年人的爱的体验，始于愉快地发现一些惊人的一致之处。很高兴发现有人对同样的笑话感到好笑；对舒适的连体服或巴西音乐的感受相同；能真切地理解，你与父亲现在的关系为何是如此，或者非常赞赏你的自信，以及你丰富的葡萄酒知识。有一种诱人的希望，那就是，你们之间的美妙契合是灵魂融合的第一个暗示。

爱是在某些特定的领域里发现和谐，但如果对此持续怀抱期待，那"爱的希望"就注定会缓慢走向死亡。每一段情感关系都必然存在大量的分歧。它会让你觉得你们正在疏远，就像在巴黎共度的那个周末，你意识到你们之间有一份难能可贵的默契，而如今它正在被摧毁。但是，这种默契的瓦解，早在还未有蛛丝马迹警示你的时候就已经发生了："分歧"是只有当爱情成功的时候才会产生的，你会从某个人的全部生活来近距离地认识并观察他。

其三，无人拥有称心如意的童年

任何教养在一些重要方面都可能存在不足。家庭的氛围可能过于严肃或过于宽松；家庭成员过于关注金钱或没有足够的资金。由此，我们可能会产生情感上的窒息，或疏远，或超然。家庭成员之间可能一直都很和睦，也有可能因为缺乏自信而刻意疏远。从婴儿到一个正常的成人从来都不会是一个顺利的过程。我们都曾以不同的方式被破坏着。孩子们可能已经学会了保留自己真实的想法和感受，并小心翼翼地对待脆弱的父母。在以后的生活中，这样的人在面对自己的情感关系时，可能仍然会采取相当隐秘和谨慎的态度。孩子某种性格特点是后天形成的，以应对儿童时期的状况，但是这种性格模式会深深地埋在其体内，并随着时间的推移继续发展。我们应对以往困难的方式会使得今日的我们都变得疯狂。

我们总是会犯一个错误，那就是把"缺陷"看成是伴侣的特殊之处。我们了解了一个人让人恼火和失望的一面后，得出这样的结论：是我们特别不走运，已经和一个表面上看起来很可爱，却经常表现出奇怪的不安和有缺陷的人在一起了。这是多么大的问题啊！因此，我们开始寻觅新的伴侣，一个我们可以确定会遵守承诺的伴侣，一段没有任何问题的情感关系。我们的浪漫冲动不断更新。我们怪罪所有的一切，除了我们的"希望"。

然而，他人令我们失望的原因是普遍的。这些问题可能具有地方性，但对每个人都会有很大的影响。我们不需要知道未来的合作伙伴会有哪些特殊的怪癖。但是你可以肯定的是，一定会有一些——而且它们在某些时候会非常严重。我们唯一觉得满意的人，是那些我们还不太了解的人。

在诸多文化与生活领域中，我们可归纳出两种截然不同的态度，并将其概括为"浪漫主义"和"古典主义"。二者间的区别最早用于探讨不同艺术流派间的关系，但我们也可以运用它们来研究人们对于情感关系的所思所感。当今人们对于情感关系的诸多期待深受浪漫主义思想的影响。而古典主义和浪漫主义之间的争论点主要在于以下两个方面：

真实与礼貌

自十八世纪末期以来，人们对一切话题均可开诚布公、无拘无束地讨论。对此，浪漫主义艺术家和思想家们激动不已。他们讨厌社会习俗，因为它限制了言行。他们认为踌躇退缩便是虚伪，"无病呻吟"或取悦他人即是伪君子之所为。将这种观点运用到情感关系中，人们便产生了这样的期待，即我们应该毫不保留地把一切都告诉另一半，如若有所隐瞒，就是对爱情的背叛。

与此相反的是，古典主义者则推崇礼貌。他们认为即便双方意见并非完全统一，息事宁人也是很重要的。此外，还应不时地运用巧妙的艺术手法，拨动对方的心弦。这并不意味着他们唯恐触怒他人，他们只是认为这并非明智之举。古典主义者认为，在现实生活中，我们只能应付为数不多的负面或不利的事件。要想维持一段感情，双方需要认识到有哪些"禁区"是不能触碰的，应给对方留点私人空间。

古典主义者认为，情感关系中彼此之间彬彬有礼，并不是令人痛苦的妥协，也不是因为做不到开诚布公而做出的退让。相反，双方以礼相待，本身就是一种独立存在且截然不同的理想状态。情感关系中，彼此间应了解对方可能在某方面极其脆弱，需要精心照料，温柔相待。而这正是一种令人艳羡不已的成就，也是爱情的真正表现。

天性与规则

最早就艺术而论，浪漫主义者对"教与学"本身就心存疑虑，甚至对规则深恶痛绝。浪漫主义者认为，诗人和艺术家并非后天培养成的，艺术是反对条条框框的，要想成功，必须要有天赋和灵感。推而广之，那种认为人们可以学着成为好爱人或好伴侣的想法早就备受诟病了。

与此相反的是，古典主义者大力推崇博雅教育理念。在他们看来，一个人不仅要学会写诗，而且要学会交谈，学会与人为善，学会处理情感关系。古典主义者认为，人类并非天生就能应对生活中的诸多重大挑战。相反，面对这些严峻挑战时，我们的应对技巧十分匮乏。我们并非天生就能够平息争论，表达歉意，或是与他人共享厨房。他们还认为，上述技能不仅极其重要，而且可以后天习得。学习它们就和学习开车一样平常，无须感到尴尬。

对于情感关系的态度并非普世皆同或是永恒不变的，因为这些态度是文化的产物。虽然人们并未意识到浪漫主义态度的存在，但是现如今人们的思想却深受其影响。它让人们产生了一些过高的期待，而一旦期待落空，人们便会惊慌失措，甚至大发雷霆。古典主义者对于良好情感关系的期待较为合理，也较为现实。此外，他们所倡导的一些品质和技巧，也有助于我们更好地应对压力。为了追求更为平静的情感关系和幸福的爱情，我们所采取的态度应更倾向于古典主义和悲观主义，且更为彬彬有礼。

二　家庭琐事

　　浪漫主义作家在他们的作品中探索情感关系的问题时，倾向于把读者的注意力吸引到一个重要的但明显有限的范围内。伟大的俄国诗人亚历山大·普希金（Alexander Pushkin）在《叶甫盖尼·奥涅金》（*Eugene Onegin*）中描述了单相思的爱情。古斯塔夫·福楼拜（Gustave Flaubert）在《包法利夫人》（*Madame Bovary*）中研究了无聊和不忠。简·奥斯汀敏锐地注意到，社会地位的差异可能会阻碍一对夫妇获得幸福的机会。在意大利，十九世纪最受欢迎的小说，亚历山德罗·曼佐尼（Alessandro Manzoni）的《约婚夫妇》（*The Betrothed*）中讨论了政治腐败和重大历史事件可能会压倒一段关系。所有伟大的浪漫主义作家都以各自不同的方式，对有可能导致一段关系难以顺利进行的事情深感兴趣。

　　然而，他们的名单上却有一些重大遗漏。在我们所谓的"家庭琐事"的领域里，从来没有人对其中的任何挑战感兴趣。这个词抓住了共同生活的所有实用性，同时涵盖了一系列微小却重要的问题，包括周末应该去看望谁，什么时间睡觉，以及朋友多久会来拜访、共餐一次。

从浪漫的观点来看，这些事情不可能是严肃或重要的。情感关系的建立或破裂都是基于一些宏大而戏剧性的事情，如忠诚与背叛，以自己的方式面对社会的勇气，又或者是被传统的要求所压制的悲剧。相比之下，家庭生活的日常琐事，微小到令人羞于启齿，也根本不会令人有任何深刻的印象。

正是由于浪漫主义作家们对此问题视而不见，所以伴侣们对于情感问题的真正导火索并没有充分的认识。因此，他们也未能做好充足准备，不能运用所需资源解决日常矛盾，如是否可以在卧室里用餐？或者，提前四小时到机场候机是否过于谨慎？在一定程度上，由于这种忽视，我们没有准备好将家庭问题视为重要的、潜在的导火索，以对此产生关注。我们不知道我们是否能够成熟地解决关于在床上吃烤面包的问题，或者诸如举办鸡尾酒会是时尚，还是有点自命不凡的难题。

问题越是重大，人们解决起来就越有耐心，同时也越能引起人们足够的重视。揭开人类基因组的神秘面纱曾被视为一项极其艰巨，且有益于社会的任务。因此，从事该项工作的科学家们以其刚毅坚韧、坚持不懈的精神和良好的心态投入其中。显然，科学家们不可能在一夜之间破解基因之谜。人们会想当然地认为，开发一辆商业上可行的无人驾驶汽车是一项极其复杂的难题，但值得投入大量资源。这种"重视"会导致意想不到，却至关重要的后果。人们处于困境时，之所以能保持镇定，是因为我们知道出现问题是在情理之中。如果我们所面临的问题背后有某种光环，那就大有裨益了。正是因为有了这种光环，我们才会怀着满腔热情投身其中，而在面对那些困扰着我们，让我们觉得无足轻重、琐碎不堪、不值得严肃对待的问题时，我们就会显得无精打采。这正是浪漫主义者对家庭生活的忽视，无意中所"鼓励"的，如轻率地谈论卧室的温度，以及简短地评论该看什么频道等，这些事情若积累多年，很有可能意味着爱情的终结。

在坠入爱河时，人们对于"何为正常"有着一连串先入为主的想法。也许，一直以来你都认为用餐时餐盘应放在桌上，这样便于大家随吃随取，对此你也并没有想太多。后来，你和某个人相恋了，他在各个方面都很出色，但是有一天你突然发现，你的恋人认为把餐盘直接放在桌上很奇怪，而且让他觉得很不爽。在他看来，人们应该在厨房把餐碟装满，然后再坐下来用餐。和许多令人痛苦的矛盾一样，这类事情一旦诉诸纸上就显得十分琐碎，不值一提。人们无法相信一对夫妻会因为这类小事发狂，比如现在是否应该花点钱买台高端的新冰箱？是否可以过问伴侣的果蔬摄入量？然而，事实上，这些才是真正的感情基础。

问题出现后，如果伴侣们未给予足够的重视，那么他们便会分别扮演两个令人灰心丧气的角色，即唠叨者和逃避者。唠叨者试图影响对方的行为，但已经放弃了对此作出一些理性的解释。相反，他们会采取一种更为刺激和不屈不挠的策略。他们已经不再对自己的任何行为进行解释和辩护。当他们认为一个话题不值得重视时，他们就会这么做。而逃避者，他们只是避免做一些被建议的事情。但是，他们并没有给唠叨者一个严肃而令人信服的解释，以说明为何不同意。他们只是甩头离开，并关上了房门。他们已经丧失魅力，不会与人为善，更不会哄人。他们只是固执己见，试图掌控对方。而唠叨者也不再提出建议，只是发号施令。同样地，逃避者也已经放弃了用合理的方式表达自己的不满。他们只是离开房间，充耳不闻，闭口不言。这些行为都是不可取的。双方都未能解释自己为何受伤或是不满。从双方的角度来看，这场斗争很明显不值得发生，但是却无法阻止。

为了生活得平静些，我们应该极其严肃地对待家庭生活中的矛盾和压力。鉴于其复杂性及其对爱情成败的作用，它们理应得到重视。在这方面，我们应树立下列目标：

提高耐性

如果我们认为某个问题是复杂的、严肃的，便会耐心应对。假设说我们的伴侣不了解潜水运动或是第一次世界大战起源时，我们不应该露出鄙夷或失望的表情，甩手走人。我们应该理解，就算是一个完全理性且受过良好教育的人，对于此类问题也可能会感到疑惑或是不甚了解。

颠覆合理性

如果一方会因为"买哪一种牌子的橄榄油"或是"每人每天用多少张厕纸是合理的"这样的小事而感到焦躁不安的话，那么他很可能会招致另一半的嘲笑，而且也会显得很可笑。但是，如果家庭琐事的重要性提升了，那么我们就会接受这一事实，即理智且清醒的人可能也会对诸如此类的琐事反应强烈。

表达合理异议

值得注意的是，对于许多复杂的问题，我们可以从多方面来合理地看待它。毕竟，正如经营水族馆的合理方式不止一种，进行根管手术的方式也是多种多样。

要想确定何种任务是真正有难度的，的确很棘手，因此要小心处理才好。以小孩子练习拉小提琴为例，如果学了二十分钟后，他认为自己毫无进步，就会很不开心。低估挑战的艰巨性是造成许多麻烦的根本原因。古斯塔夫·福楼拜在其早期创作生涯中，经历过类似的痛苦。在二十七八岁时，他急于在文学方面出人头地，因此他很快就完成了一部名为《圣安东尼的诱惑》（*The Temptation of St. Anthony*）的小说。福楼拜向众人征求意见，结果得到的却是同样的回答——他应该把手稿扔进火里烧掉，而他也真的照做了。之后，他便着手下一部小说的创作，即《包法利夫人》。此时，福楼拜对于创作过程的艰难、创作耗时之长、如何字斟句酌、段落行文如何能连贯已经有了全新的认识。创作这部小说前后花了他五年的时间，但它却是公认的杰作。只有关注细节，方能出杰作，方有大回报。

家庭矛盾由来已久，令人备感压力，而且经常与一些琐碎之事有关。例如，鸡肉应该怎么煮才正确？报纸可以放在洗手间吗？伴侣说会"马上"去做某事，但实际上过了八分钟后才开始做，这样行吗？在家天天喝瓶装碳酸饮料，是不是奢侈浪费呢？成天琢磨这些事，在别人看来难免会觉得愚蠢。因此，为了使双方的关系更加和谐，我们一般会推荐以下的方法：不要过于拘泥于这些事情，不要再纠结于细枝末节的问题。

我们可以将这种态度与我们对艺术细节的追求做一番比较。众所周知，细节是艺术的重中之重，应予以特别关注。艾略特（T. S. Eliot）在其诗作《荒原》（*The Wasteland*）的开篇部分写道，"四月是最残忍的月份"，这行诗句可改为"一年所有月份中，最为残忍的是第四个月"。就其字面意思而言，这么修改并无大碍。通常，要是有人对"最残忍的"和"最为残忍的"二者之间的区别小题大做，或者对"四月"和"第四个月"吹毛求疵的话，一定会被认为过于迂腐。但是，在诗歌中，措辞的准确程度与先后顺序都显得无比重要。艾略特的诗歌独具一格，颇具韵律感和节奏感。他的诗直白、刺耳而又萦绕脑海，挥之不去。绘画中也有类似情况。某个画家花了半小时时间才调出纯蓝色调，对此我们一点都不意外。建筑师痴迷于各种石头间的不同纹路，或是玻璃制品间的轻微色差，对此我们会油然而生钦佩之情。人们公认，在艺术世界里，细微之处尽显神奇，意味隽永。其实，家庭琐事同样事微意重。乍一听似乎有些奇怪，但是这些家庭烦恼与艺术作品十分相似，两者强调的都是将复杂的意义浓缩在具有象征意义的细节之中。

在工程学中，我们认为任何一个微小的问题都可能导致严重的后果。一架售价为 3 亿英镑的空客 A380，能够载着几百位吃着烤面包片的旅客，平稳地飞过北安纳托利亚山脉（North Anatolian Mountains）。我们十分清楚，要是飞机起落架的液压系统出现微小裂缝，那么这架飞机便报废了。但是，如果仅仅是因为奶油上有面包屑或是很长时间没有去看牙医，就要让农业机械公司客户服务部经理或是中学越南战争史教师下岗，那就有点匪夷所思了。

工程师们对于小问题演变为大麻烦这种现象并不陌生，因为他们明白，解决各种小问题完全是分内之事，而且是重中之重。我们都能认识到，在艺术与工程学中，细微之处至关重要。不幸的是，在我们的文化印象中，我们对于爱情的定位则截然不同。爱情被视为关乎重大情感，而与柴米油盐无关，因此这些问题很难引起我们足够的重视。

显然，我们会将慌乱情绪归咎于某项艰巨的任务，或是某种迫切的要求，但这并不准确。实际上，真正导致慌乱情绪的应该是那些我们事先尚未做好应对准备的难题或需求。因此，要营造更和谐的关系，关键并不在于避免争执，而是应该认识到争执始终是难免的，我们必须花费大量的时间和精力加以解决。

理想的情况是，双方都能尽早意识到"与他人同处一个屋檐下"其实是天底下最困难的事情之一。人们一直都希望通过运用某种技巧解决这个问题，但实际于事无补。要是我们事先能够合理地预测困难，那么遇到问题时，对待问题的态度便会有所转变。我们不会匆忙得出结论，说问题微乎其微；我们也不会立刻大发雷霆，也许，我们会耐心地花上几个小时来讨论该如何管理洗手间或厨房这些问题。于是，爱情就得救了。

三　性的困扰

现代人想当然地认为，获得理想的性生活应是容易的，我们应该能够找到既善良又富有吸引力的另一半；能够对自己的需求直言不讳而不会感到尴尬；我们应该能享受几十年和谐的性生活；应该知道如何用尊重来节制欲望。人们认为获得性方面的幸福就是理所应当的。结果，许多时候却事与愿违。其实，这并不奇怪。

热恋时，双方甜甜蜜蜜，但一方还鼓不起勇气向对方表达自己的爱之深、情之切。情侣间喜欢牵着手，并在对方的生活中找到自己的一席之地，但同时也非常害怕遭到拒绝，因此免不了会犹豫、退缩。在我们的文化中，人们对于这一阶段既尴尬又极其脆弱的爱情充满了同情。

但是，人们认为，害怕遭到拒绝的情绪不会一直持续下去，它只会出现在情感关系的某一特定阶段，即恋爱初期。一旦另一半接受了自己，并且决定在一起，那么这种恐惧感就会消失。两个人相互许下了爱的诺言，一起买房申请按揭贷款，有了爱的结晶，接着在遗嘱上写上了对方的名字。如果风雨与共的两个人在经历了所有这些事情之后还会感到焦虑的话，那就太不正常了。

但实际上，在情感关系中还有更为奇怪的一个特点，即一方想与对方亲热却又担心遭到拒绝，其实这种担忧从未停止过。即使是那些理智的人，他们在日常生活中也会受到困扰，甚至于因此造成毁灭性的后果。这在很大程度上是因为我们不愿特别关注它，而且我们也没有接受过相应的训练，不能发现他人身上的反常表现。我们尚未找到一种行之有效的解放自我的方法，得以承认其实我们的确需要他人的安慰。

我们的心态是：被接受从来就不是他人施舍的；互惠互助从来就不是毋庸置疑的；爱情的忠贞总是会面临新的威胁，而这些威胁有虚有实。引发没有安全感的诱因可能是一些微乎其微的事情，比如，另一半外出工作的时间比平常要久；或是在某个派对上，他相当活跃，与陌生人相谈甚欢；抑或是已经有一段时间未行房事了；也许是，我们走进厨房时，另一半并未表现出应有的热情，且已经沉默了大半个小时了。

即使已经和对方共同生活了很多年，我们仍会有这样或那样的恐惧，不敢向他们求证是否依然对我们"性"趣盎然。但是，更为恐怖、复杂的是，现在我们居然认为此种焦虑并不存在，这无异于"火上浇油"。因为这种想法让我们很难弄清楚自己的真实感受，更别提与他人交流并获得我们所渴求的理解和支持了。我们并不是用讨人喜欢的方式寻求保证，也不是用吸引人的方式表达自己的愿望，相反，我们将自己的需求隐藏在一些伤人的行为之中，显得既唐突又无礼，导致目标无法实现。在稳固的情感关系中，如果我们否认自己担心被拒绝的话，将会有以下三种主要表现。

首先，双方会越来越疏远。我们想亲近对方，却担心对方对自己不理不睬、不冷不热，故而选择态度冷淡，以逼走对方。我们总说自己很忙，假装思绪已飘到九霄云外去了。我们这么做的目的在于暗示对方"我们并不需要对方的保证"。

我们甚至可能移情别恋，目的在于疏远对方，挽回面子。这也是一种自甘堕落的行为，其最终目的在于想证明自己并不需要对方的爱。但事实上，我们是因为过于矜持才不敢向对方求爱。风流韵事可能是最为怪异的赞美方式，但却是我们苦心准备的证据，暗暗向真正在意的人表明自己的漠不关心。

其次，我们的控制欲增强了。我们发觉双方在感情上越发疏远时，便试图极尽所能地把对方牢牢拽在手里。要是对方迟到一小会儿，我们便大为光火；要是对方没做家务活，我们便会劈头盖脸地大骂一通；要是对方答应会做某事，我们便会追问个没完。其实我们应该做的是，跟对方说："我担心自己于你而言已经变得无足轻重了。"

我们不能逼迫对方成为一个慷慨大方、温暖热心的人，也不能强迫对方在意自己。也许，我们甚至不能用合理的方式要求对方在意自己。因此，试图一步步地操控对方，并不是想要无时无刻不处于领导地位，而是因为我们不敢直面自己内心的恐惧，担心做出过多的让步，由此陷入了一种可悲的循环中。我们变得不依不饶、令人不快，这令对方觉得我们可能不再爱他了。然而，事实却是，我们依然深爱着对方，只是过于担心对方不再爱我们罢了。

最后，我们变得令人厌恶。为了避免自己陷入脆弱不堪的境地，我们最终采取的手段是贬低躲躲闪闪的对方，在对方身上挑刺儿，大加指摘他们的不足。上述行为粗鲁无礼，言论难听刺耳，但如果我们能真正理解其实质，就会发现，其实这些并不是拒绝的表现，而是一种扭曲的渴望，是想让对方温暖待己的真正诉求。我们不曾扪心自问到底为何而烦扰，难道我们担心的不是对方是否爱自己，自己对他有无吸引力吗？

要解决上述所有问题，我们就要对情绪功能形成一幅更为准确的新图景，并使其常态化。要清楚地认识到，我们也有脆弱的时候，也经常需要对方做出保证，保证他们仍然对我们"性"趣盎然。这是健康、成熟的表现。我们之所以感到痛苦，是因为步入成年后，过于高估自己，要求自己做到独立自强、无懈可击，但这显然是不合情理的。要是对方只离开几个小时，便要求他证明对我们的爱；倘若对方在派对上对我们关注不够，且我们想要离开时，他却还想留下，此时我们又会逼对方保证，他们会对我们不离不弃……凡此种种在成年人看来都是错误的。

然而，一直以来，我们所需要的正是对方的保证，需要对方一如既往地接纳自己。这并不是对弱小者或能力不足者的诅咒。情感上的危机感其实象征着心理上的健全。它意味着我们并未任由自己将他人的爱视为理所当然，还意味着我们能实事求是，深知一切事情都有急转直下的可能性，故而特别在意。

我们应设定固定的时间节点，比如以小时为一个时间节点，以便以此频率向对方提出自己需要保证的合理要求，而不感到尴尬。诸如"我真的需要你，你仍爱我吗？"的问题应是十分正常的。我们应将"承认需要对方"与"情感匮乏"区分开来，后者是大男子主义的措辞，是不幸的、惩罚性的。我们应该更理性地认识到：自己或伴侣态度冷淡，故作冷酷，又或是想要掌控一切，其背后都隐藏着深深的爱与渴望。

如果单单就性生活而言，我们希望找到理想的另一半，并与其自由且毫无保留地谈论自己的性需求，这听起来还是可行的。设想一下，也许我们的另一半也是一样，喜欢在做爱时戴上毛皮手铐或穿上运动鞋。但这只是问题的冰山一角，恋爱双方都希望另一半能对自己其他方面的事情也感兴趣，如我们对政治文化的看法、何时用餐，以及楼下洗手间应该涂什么颜色等。实际上，性兴奋在许多方面均与我们的本性冲突；与我们对爱情的期待相悖，与我们作为体面、温良的个体不符。我们为自己的余生定下为人处世的原则，对性兴奋却置若罔闻。要想和伴侣厮守，必须得经历一段十分奇怪的过渡期：起初，我们会小心翼翼地征求对方对什么样的主菜感兴趣，也会谨慎地点评美国的政治选举；而如今我们却要用凌虐方式来调情，甚至羞辱他们。与独一无二的另一半相处时，我们应该谦虚谨慎，调和自我的方方面面。

对于那些一直与伴侣相依相伴的人来说，要将性生活与家庭事务分而论之，是颇为困难的。而那些想要在家庭财务等主要问题上维护权威的人，或是试图强迫他人听从自己有关假期想法的人，想要转变其在性生活中的角色，如让自己变得相对消极、唯命是从，是很难的一件事。也许是有心无力，因为他们不敢让自己表现得过于脆弱。

人类性意识的发展极为复杂，而且其萌芽要比其他任何一种情感关系都要早得多。自孩提时代起，每个人的性特征都是在多年的成长过程中逐渐形成和发展的，会受到外界种种因素的影响，如时尚杂志封面、电影里的关键镜头、兄弟所喜欢的某首歌的歌词、表亲结婚典礼上某位舞者或是母亲的发型，等等。在我们未曾与他人分享"性"趣之所在时，性特征就已开始成形了，它深藏于我们的性幻想之中，不为他人所知。它是某种私密语言，他人不得而知。因此，要将其告知于另一个人，让他了解你的"性"趣所在，确实是一项困难重重的任务，需要小心谨慎地处理。也许，我们得与伴侣一起回顾那些影响过我们"性"趣的事情，而这些已经是陈年旧事，恐怕早已记不大清了。上述事情让我们备感窘迫，因为我们觉得美妙的性生活应该是自发的、激动人心且情意绵绵的。

过去几十年，人们渐渐形成了这样一种观点，即性生活在当今的美好生活中占有重要的一席之地。一直以来，这一看法借由当下一些最具影响力的文化势力，如广告业、音乐行业和网络色情业，对人们产生了深刻的影响。但直到二十世纪六十年代，随"性"所"欲"这种想法仍令人深感震惊。那些隐晦地表达了此种态度的文学作品，如詹姆斯·乔伊斯（James Joyce）的《尤利西斯》（*Ulysses*）或是 D. H. 劳伦斯（D. H. Lawrence）的《查泰莱夫人的情人》（*Lady Chatterley's Lover*）都遭到了封杀。当时的主流思想是：性是危险的、黑暗的、可悲的，因此要对它格外警惕。那时的人们从未想过从持久的性爱之中满足自己的欲望。

现如今，我们所处的社会有了变化。在当下，性生活不尽如人意，得不到满足是无法想象的，因为只有性生活和谐了，我们这一辈子才能享受天伦之乐与情感生活的完美结合。这一积极看法已成为常态，却为一难题所困扰，即人们并未将实现这一想法的诸多障碍考虑在内。因此，我们又陷入了恐慌，变得灰心丧气，却于事无补。如果一开始我们便认为在性生活中，必须放弃许多东西，那么心态就会平和很多。过上所谓的"美好性生活"的最佳方法便是接受这种观点：人生总是需要做出让步，总会有难以满足的情欲，拥有美好的性生活只不过是偶尔有之的小确幸罢了，不可强求。

四　瑕瑜相生

　　喜欢一个人就是喜欢他身上的优点，那是促成两个人走到一起的原因。如果朋友问你："你看上你对象的哪一点啊？"你可能会指出对方的闪光点。也许，他善于将厨房收拾得整整齐齐，而你又对此颇为满意，因为一切都有条不紊、尽在掌握。也许，他略带挑逗的轻浮风情，让你觉得和他待在一起十分轻松、愉快；参加派对时，他俨然就是别人眼里的万人迷，你由衷地为拥有这样善于交际的另一半而感到骄傲。又或者是他拥有一种令人十分着迷的、桀骜不驯的性格：他只专注于自己感兴趣的事情，完全不在乎其他人的目光；要是他不喜欢现有的工作，便会果断辞职；心血来潮时，也会选择周末出去野营、度假，或者邀请几个在酒吧遇到的素不相识的人，一起喝酒喝到深夜。

　　但是，随着感情的进一步发展，我们对于另一半的缺点越发感到困扰。以往对方身上那些曾经吸引我们的优点，现如今反倒成了令我们生气的原因。这实在是讽刺至极，令人憎恶不已。同一个人如今却变得猜不透了，动不动就大发脾气。以往总是收拾得干干净净的厨房，现在却成了争论的焦点：一方认为对方提出了过高的要求。而曾经引以为傲的社交明星，现在带来的却是没有安全感。

以上例子都体现了人类本性的主要规律之一，即瑕瑜相生的原则——在某些情况下，人们会发现任何人所具有的任何一个优点均与其对应的缺点相伴相随。有些人可能创意十足、天马行空，但面对一些常规的实际问题时，却可能手足无措；有些人可能工作时专心致志，也正因如此，他们可能会将工作置于另一半的利益和需求之上；有些人极富有同情心，善于倾听，有时却会显得优柔寡断，因为他们总想着竞争对手的优点。激情四溢、喜欢尝试性爱新花样的人始终会受到忠贞问题的困扰。健谈的人巴不得通宵聊天，凌晨三点还不想睡觉，另一半只要一提醒他得早起带孩子上幼儿园，他就大为光火。

每个人的优点与缺点都是如影随形，这是不可避免的。牢记这一点，我们在情感关系中才能保持心平气和。面对另一半所做的那些令人失望的事时，也就不会那么惊恐和心烦意乱了。另一半惹我们生气时，我们总是认为他们很快就会消停。为什么他们总是那么固执，要把办公桌擦拭得干干净净呢？为什么他们不多休息休息呢？为什么他们不愿意早睡？为什么他们不能把更多的注意力放在职业发展上呢？上述问题萦绕心头，而我们想到的答案却令人相当不快。我们认为，原因在于他们不在意夫妻情分，他们尖酸刻薄，他们有强迫症，或冷酷无情、自私自利、软弱无能。我们认为对方的所作所为均是其身上的一些毛病所致，而这些毛病，只要他愿意，便能改掉。我们认为对方是故意想惹怒我们。

我们看待另一半缺点的方式让自己十分痛苦，焦虑不安。瑕瑜相生的理论提醒我们：另一半身上那些让人恼怒、令人失望的性格特点恰恰是我们真正喜欢上对方的那些优点的对立面。我们应该把对方最令人生气的缺点逐一列举出来，并扪心自问：每一个令人痛苦的缺点有何相应的优点？毋庸置疑，我们肯定是会找到一些关联的。

设想一下：去机场的时候，他总是坚持提早出发，不断催促你赶快出门，而你知道其实时间还很充裕。这种做法会让你发狂，因为最终你得在候机室等到"天荒地老"。直觉告诉你，对方就是一个独断专行、愚蠢至极的人。为什么他就不能放松放松，和和气气的呢？你放慢脚步，对他大吼大叫，告诉他不要尽做些荒唐事。你和他都变得越来越懊恼。换个角度，你可以试着发现对方的行为中所隐藏的优点，但不幸的是，此时优点却成了缺点。再比如说，他对待事情不愿听之任之，这其实是一笔真正的财富。如果他允诺会做某件事，那么你大可放心，他一定会完成的；如果你安排与他会面，那他一定会准时到达；你会发现，他善于安排好两人共同的社交生活，而且家里的冰箱也总是满满当当的。

换个角度看问题并不会让那些恼人的缺点凭空消失，也不是说对方已经差到无药可救。相反，这意味着我们不会紧盯着自己内心深处那个不堪的另一半，他并不会变成十恶不赦的坏人。我们之所以会有如此看法，是因为长期焦虑，而这也会影响我们的感情。对方其实是个心地善良的人，只不过他当前表现出来的是其优点的对立面罢了。

你可能时不时地会遇到一些新面孔，他们在某些方面似乎要比自己的另一半好得多。你与他们在某个派对上偶遇，你发现与他们相处十分愉快，而且他们还特别懂得逗你开心。或者你和他是在课堂上相识的，你发现他是一个特别有耐心的人。你有一个邻居经常打理花园，你对他的园艺水平甚是喜欢，甚至还喜欢他穿着旧针织套头衫的样子。诸如此类的人让我们意乱情迷。我们心想，要是和他们在一起，那该有多么愉快啊！因此，我们对自己的另一半越发不耐烦了。

但是，瑕瑜相生理论认为，我们应该保持头脑清醒，应该意识到眼前这个新人身上的诸多优点在未来的某一个重要时刻，也许会转变为令我们抓狂的缺点。我们或许并不清楚其发生方式，但可以肯定这是注定会发生的。在崩溃之前，我们应该问自己：对方身上的这些优点是如何转变为缺点的？有耐心是好事，但有耐心的人在某些时候反而显得消极被动。当你真的需要加快速度时，他却优哉游哉；当你急着离开时，他却在商店里和别人聊个没完。原本应该和你待在温暖舒适的被窝里好好温存一番，但是作为园艺爱好者，一大早他就溜到花园里修剪花坛、捉蜗牛去了。我们暂时不知道会出现什么事，但可以肯定的是，我们一定会遇到一箩筐的问题。

1787 年 5 月，德国诗人、政治家约翰·沃尔夫冈·冯·歌德（Johann Wolfgang von Goethe）乘坐一只由西西里岛（Sicily）开往意大利半岛的船只。此次航程很短，船上还有许多旅客。风停了，汹涌的水流冲击着船身，一个劲儿地把船往岩石峭壁上推去。船上的每个人都知道即将发生什么。船长和船员们拼命收帆，以抵挡逐渐逼近的岩石。但歌德注意到，惊慌失措的旅客们极大地干扰了船长及船员们的工作。他们挡住了船员们的路，对船长大声尖叫，要求他力挽狂澜。船长无法专注于组织应急工作，更无暇思考如何化险为夷，只能转移注意力，试图安抚人群。歌德使尽浑身解数，努力让其他旅客们平静下来。因为他十分清楚，旅客们的骚动将对船上每个人的安危都构成威胁。

上述情形很具有代表性，它说明了焦虑不安可能会对我们的日常生活产生的影响。"恐慌"有时甚至是致命的，它削弱了我们应对潜在的真正问题的能力。保持冷静并不意味着一切都将顺利地迎刃而解，但至少可以让我们以更好的心态应对生活中的挑战。就歌德的经历而言，它奏效了。船长得以将其计划付诸实施；船员们则努力让船只避开了岩石，等待再次起风，而后扬帆起航，最终安然无恙地抵达目的地。

第二章

他人

一　无心之过

　　人们保持平静的能力，很大程度上依赖于自身是如何区分有心之失和无心之过的。世界上大多数法律体系都非常重视二者的区别，如过失杀人与蓄意谋杀。也许，二者造成的破坏性后果是相同的，但在法律和公众看来，区分背后的动机非常重要。这既可告诫世人，也符合情理。要是嫌疑人出于邪恶的目的，那么就有必要予以控制，以防他再次伤人。但是，若只是事出偶然，那么他只需解释清楚，诚恳道歉，就有望做出补救并平息事态。

　　假设我们现在在一家时尚餐厅用餐。服务员把一整碟番茄酱全都洒在了我们身上，而这身西装刚刚干洗过。我们的第一个反应就是要冲他发火。但是，另一方面，我们的大脑会快速搜寻证据，以证实其究竟是蓄意为之，还是纯属偶然，好为自己大发雷霆找一个合理的理由。或者，我们会保持友善，通情达理地原谅服务员。要是服务员战战兢兢地表现出诚挚的歉意，我们便耸耸肩，不再计较自己的些许损失，甚至还会同情服务员，毕竟他们也不容易。

因此，事情背后的动机至关重要。不幸的是，我们极其不擅长判断他人的动机。我们可能会戴着有色眼镜，会用审视怀疑的目光看待无辜的人或偶然事件。其结果是，原本稀松平常的问题演变成严重的矛盾，甚至成为一生都无法解开的心结。

之所以动辄会认为他人耍阴谋诡计来针对自己，是因为，我们并不喜欢自己。因此，我们也是值得同情的。由于自我贬低，我们总是怀疑他人想伤害我们。究竟原因何在？毕竟，在这个世界上，只有自己不会伤害自己。那么，我们将自己视为易受伤害的目标时，出现下列情况也就再正常不过了：比如，我们刚准备要着手工作，外面却有人开始有大声地钻孔、训练；又比如，我们赶着去开会，路上却遇到了交通堵塞；又或者，为什么电话接线员要花这么长时间才能找到我们的详细资料……这些问题表明整个世界都在算计我们，就因为我们无足轻重，所以活该不断受到惩罚吗？我们欠下的债，得由自己偿还。

由于自我厌恶，导致我们不断从外部世界寻找共鸣，来证实内心的判断。我们不断地从更广阔的世界中寻求确认，以证明自己真的是毫无价值的人。这些问题起源于我们的孩提时代。当时，监护人或家人的不当言行，让我们认为自己是个窝囊废或可怜虫。正是这种心理上的自我憎恨，导致我们总是急于设想最糟糕的情况。这并非因为结果一定是不好的，而是习惯使然，并且我们认为这是理所当然的。

他人之所以会无意中伤害到我们，原因之一便是我们表面上看起来很坚强。也许，甚至连我们自己都未意识到，我们是多么擅长假装出一副兴高采烈、精力充沛的样子。这可能是在青春期早期，也就是我们刚入学的时候学会的。虽然是优点，但我们也可能说过一些刺耳、伤人的话，那并非我们的本意。他人不了解我们的情感十分脆弱而且已经受伤。他人并不了解其一言一行可能会对我们造成多大的影响；他人也不知道我们的心灵已经脆弱不堪，并且也无从得知。

　　也许，一起共事的同事对你所做的 PPT 略加批评，其目的在于让你注意到问题所在，起到举一反三的作用，但在你看来，可不是那么一回事儿。为此，你非常烦恼，甚至觉得这简直就是一场灾难。然而，去年的另一份工作，也遇到了一些问题，你还跑去咨询了一位人生导师。如今，你决定在这个新岗位上做出点成绩。你的自尊已饱受摧残。而与此同时，父亲对你说话的方式也有些吹毛求疵，在你未满八岁时，他便嘲笑你略微有点口齿不清。但是，其他人对这些事情毫不知情。从表面上来看，你并无异样，正如花瓶表面已经布满了细微裂纹，人们却难以发觉一样。但是，即便只是微微一颤，花瓶都有可能支离破碎。

理想情况下，我们能预先向他人提醒自己的脆弱之处，如此一来，与我们相处时，他们便会将此考虑在内。正如身体有瘀青或受伤时，我们会示之于人；手上打着绷带，别人就知道不能抓你的手。理论上，这种方法也适用于我们脆弱的心灵。

然而，要向他人解释我们伤痕累累的身心，可能会一言难尽，而且似乎有些丢脸。我们无暇解释，也不便透露那些原因。也许是因为挥霍了一大笔钱而感到脆弱无援；也许是因为我们出去鬼混了一次，担心东窗事发而感到深深的愧疚和恐惧；抑或是因为上网看了一大堆色情片而觉得自己很恶心。我们肩上的负担太重了，但又不能让其他人知道个中缘由，所以只好负重前行。正因如此，我们面临着进退两难的窘境：由于人们对我们的错误认识，导致他们将给我们带来更多的苦恼，而这已经超乎其本意。

隐隐约约的脆弱——那些日积月累的伤痕——解释了我们偶尔不寻常的爆发，但这对于旁观者来说是如此令人费解。虽然只是随口一句无关痛痒的评论，却是引发我们狂怒的导火索。设想一下，我们正在本地街角的一家商店结账，但总费用超出了预期。我们心里马上觉得是收银员在敲竹杠。我们给了他一张钞票，见他半晌也没找好零钱，我们便粗声粗气地说道："不用找了。"而后，满脸不悦地一怒而去，不承想却撞上了大型马铃薯盆栽！

　　孩子们让人伤透了脑筋。尽管我们表现出无微不至的关怀与热情，而他们却对大人们的努力视而不见，并以过激的方式"践踏"着我们的好意。比如，我们早早下班回到家里，精心烹制了一道鸡肉炒土豆，却发现孩子莫名其妙地生起气来，把整盘菜都打翻在地，嘴里还喊着"我讨厌你"。这着实令人伤心，但我们依然保持平静，并试图削弱其影响。也许孩子是因为牙疼，也许他们只是嫉妒自己的弟弟妹妹，又或者是昨天晚上没睡好。总之，我们倾向于寻求善意的解读，以削弱孩子任性的行为带来的负面影响。如此一来，也就避免了一场"暴力危机"。

成年人与孩子相处时，是如此沉着冷静；而成年人与成年人相处时，却焦虑不安。二者形成了鲜明的对比。我们受到其他人的伤害时，往往无法进行善意的解读。我们认定，只要有人伤害了我们，其背后的动机必定是邪恶的。看他人气急败坏，或是摔门而去时，我们懒得思考他们这么做背后的原因：会不会是前一天没睡好呢？或是他们上司的脾气令人难以捉摸，使他们焦虑不安呢？我们会采取明智的方式对待四岁的孩子，但当伴侣把我们当成出气筒时，却懒得去过问他是否也遇到了什么烦心事。这很好理解，因为我们生活在一个平淡无奇却又充满妥协的社会里。假如我们能更加积极地发挥想象力，即便伴侣的荒唐行为仍旧会影响我们，我们保持平静的能力也会得到显著提升。几乎所有成年人对待孩子都是和善的。相比之下，对待其他成年人的不成熟表现，则显得不太友好。

　　埃米尔－奥古斯特·夏蒂埃（Émile-Auguste Chartier），人称阿兰（Alain），是二十世纪法国最伟大的哲学家之一。关于褊狭行为，阿兰在其诸多著作中均有涉及。他写过一段尤其令人难忘的话，"永远不要说人是邪恶的"。相反，我们应该做的是"寻找其症结所在"。阿兰的言下之意在于："症结"会导致人们做出骇人听闻或刻薄的事情。也许，原因在于人们身体上的疾病，或是对同事的嫉妒，抑或是缺乏对他人的尊重。对于行为举止粗鲁无礼的人而言，其症结来自外部环境。该症结影响着他们，但并非其本性。要是能够将症结根除，那么他们便会表现出真实的自我，也许就像阿兰所设想的那样，他们将会变得非常友好和宽容。我们的本性是善良的，之所以变得粗俗无礼，是因为某些尖锐之事戳中了我们的痛处。将此牢记于心，有助于我们避免大发脾气，或立刻采取报复行为。我们所谓的敌人并非是彻头彻尾的流氓无赖，他们其实是善良的，只不过正在遭受痛苦，却又无法向我们言说或是自行消解。我们应该同情，而不是憎恨他们。许多伟大的小说家都知道如何践行这一点。比如，陀思妥耶夫斯基（Dostoevsky）不仅看到其笔下人物（妓女、杀人犯或瘾君子）令人作呕的一面，还看到了他们正在遭受的痛苦，因此认为他们值得同情。

展现出这种想象力，或探寻他人容易被忽略的内心世界，这种推己及人的做法并非伟大的虚构作品所独有，我们也会在爱情中找到其踪影。我们应该与共同生活的人不断练习上述方法。同时，我们不能光看表面上的冒犯或鄙视，还应该寻找对方可能正在经历痛苦的蛛丝马迹。尽管这听起来与我们的直觉完全相悖，但是对于那些最让我们生气的人，我们最应该怀有善良之心。

二 为教学辩护

他人无法理解或领会我们需要其了解的重要事情时，我们经常会为此感到恼怒。他们经常对许多事情不管不顾，如介绍信的格式，做预算的最佳方法，为何卧室窗户要关等，所以最终我们总是怨恨不已。长此以往，我们将失去平静和善良的能力。

要是他人不了解我们认为他们应该知道的事情，我们会暴跳如雷，但是这种反应其实非常矛盾，因为从来没有人告诉过他们相关信息。我们之所以不教他们我们坚信其一定会知道的事情，根本原因就在于我们并不注重教学。

理论上，我们尊敬师长；口头上，把教育理念吹得天花乱坠。但实际上，我们觉得教学其实就是一种枯燥无味、毫无价值的职业。我们已在学校度过了许多无聊时光，如今很乐意将其拱手相让，让给那些"小人物"。然而，教学是生活中不可或缺、至关重要，甚至颇为高尚的一部分。尽管我们没有成为一名签约教师，没有为青少年教授数学或语言知识；尽管我们对教授他人求圆的面积或用法语买火车票兴趣索然，可几乎每天、每时每刻，我们都在教授他人"知识"：教他人我们的感受、愿望、痛苦以及正确的做法，等等。我们讲授的科目虽然听起来有点异乎寻常，但至关重要，即我是谁及我在意什么。然而，在很多情况下，我们都是匆匆略过课程，直接跳到了惩罚阶段。我们未能让他人了解为何某些事情对我们而言如此重要：为何饭桌上的冷嘲热讽会伤害到我们？为什么开会时有人口无遮拦会让我们抓狂？为什么专门成立相关委员会来探讨某个方案并不是一个好主意？要命的是，我们错误地将教学当成了一种特定的职业岗位。而实际上，教学是一种基本的心理疏导能力，它是每一个群体、每一段感情和每一个职场赖以健康生存的基础。

"教学"是一门极其复杂的艺术，其目的在于将一个人的思想、洞见、情感、技能传授给另一个人。不管教学的科目是什么，其核心要求都是一致的，首要的便是不能吓唬"学生"。一旦我们蒙受耻辱或遭到贬低，招致辱骂或威胁，我们就不能好好学习了。如果有人骂我们是傻瓜或窝囊废，我们还如何平静地接受他人的观点呢？只有当他人耐心地安抚我们，肯定我们的价值，并允许我们犯错时，我们的大脑才会处于乐于接受的状态。

第二个核心要求便是教师不能感到恐慌。要是教师歇斯底里，那他就失去了实现其目标的能力。此处存在一种奇怪的现象：如果我们不是过于狂热地在意教学效果，那么我们的努力就更容易取得成功。若是我们的课程并未收获预期效果，也应保持一种豁然的心态，这是确保我们能耐心对待学生的最好方法，也只有这样才能取得成功。恋爱中的人或是职场人士很容易有一种危如累卵、如履薄冰的感觉，仿佛世界末日即将来临，这无疑会让我们变成可怕的说教者。

好的老师知道时机是教育成败的关键。每当出现问题时，我们总是迫不及待地想教训他人，其实最好等上几天，等到时机成熟的时候再这么做。迫不及待的结果往往是两败俱伤，因为通常我们在处理最为棘手且错综复杂的"教学任务"时，心情最为烦闷，而此时"学生"也是紧张不安、筋疲力尽。我们应该像运筹帷幄的将军那样，待时机成熟后再采取行动。一时冲动发起正面进攻，结果只能是屡战屡败。因此解决棘手问题时，我们应推崇适时而动的原则，并将个中道理世代相传："好的老师"会静静地站在洗碗机旁，或一直等到伴侣放下报纸，开始真正考虑即将到来的假期时，才会小心翼翼地提出其精心准备的论点，并最终取得决定性的"教学效果"。

我们经常觉得气不打一处来，这不仅是因为我们得教导他人，还由于"学生"受家庭出身、教育水平和薪资所限而懵懂无知。他人没有机会学习，因此对某些事情一无所知，对此我们时有抱怨，积怨甚深。我们失望透顶，无法心平气和地教导他人学会尊重，更别提实现其愿景了。

我们在不知不觉中继承了一种浪漫的传统。这种传统鼓励人们在狭隘的技术领域之外进行教学。这听起来很奇怪，或者根本不可能去教人们在起草公文时掩饰自己的喜悦，改变人们对新想法的反应，抑或以更大的韧性去面对困难。我们失败是因为我们没有意识到教学任务的规模、可能性和神圣性。

我们放弃教导时，也就抛弃了那些需要被教导的人，所以我们就和那些令我们绝望的人绕起了圈子。嘴上说他们的工作质量不错，背地里却和其他同事把他们的工作重新做了一遍。我们成立了若干秘密团队，原本希望二十名同事能通力合作，不承想最终还是在外头另外找了两名顾问。这听起来有点夸张，但其实纯粹是由一种极度焦虑型人格引起的。拥有这种性格的人不容易信任他人，对解决问题也信心不足。私生活中，这种人可能是已婚人士，但是还一心想着找情人，因为他们心中有许多失落与烦恼，苦于找不到人倾诉。他们认为，回避矛盾并找寻一个知己来共同面对失望之事似乎更为妥当。对于公事亦是如此，因为他们原本希望与团队坚守同一阵线，但是与这些人共事不仅给其带来了压力，也造成了紧张的局面，对此他们忍无可忍。所以他们可能会对其"情人"全身心地投入。之所以会选择暗箱操作，是因为他们对于劝说或教育缺乏信心。这是人们在心里得出的一个重大结论，即直接与人打交道是无益的。

几乎每个人的脑海中都会有不同的声音。我们并不会经常思考这个问题，甚至从来没有和任何人讨论过这个问题。在我们的脑海深处，常常有一股思绪在喃喃自语。有时，这种内在的声音催人向上，鼓励着我们坚持跑完最后的几步路："快要到达终点了。继续前进，继续前进！"或者它会力劝我们冷静下来，因为我们知道最终一切都会好起来的。但是有时候，这种内在的声音也会变得很不友善。它不断打击我们，令我们痛苦不堪，惶恐不已，甚至颜面尽失。它所代表的不再是我们良好的洞见，也不是成熟的标志。它不再是我们善良本性的体现。我们发现脑海里响起了这样一种声音，"我讨厌你，只要有你，事情就会变成一团糟"，或是"你是个没用的小白痴"。这些内在的声音源自何方呢？通常总是源自外在的声音，即他人说话的语气。例如，父母发脾气或疲惫焦虑时的语调；兄长或姐姐威胁要让我们难堪的话语；校霸或看似难以取悦的老师的言辞……在耳濡目染中，我们渐渐地吸收了这些于己无益的声音。在过去某些关键时刻，它们听起来是那么的令人难以抗拒。那些"权威人士"不断重复着这些信息，直到将其深深地根植于我们的思维中。要想成为一名好老师，意味着我们要改变与自己对话的方式，进而改变与他人对话的方式。为了实现这一目标，我们需要长时间地听取不同的声音，听取令人信服、充满自信、大有裨益且富有建设性的声音，听取来自某个朋友、某个治疗师、某个作家或是某个和蔼的老师的声音，而且我们还要不遗余力地把这些声音内化。我们需要经常聆听上述声音及他人对一些棘手问题的看法，从而将其转变为我们的本能反应，转变为我们可以与他人讲述的思想。最佳的内在的声音会以温柔而又从容的方式向我们娓娓道来。这种声音给人的感觉就像是一位善解人意的长辈，轻轻地把手放在我们的肩膀上。这个长辈经历过风风雨雨，却从不惶恐不安或怨天尤人。在职场中，我们在最焦虑的时候，可能脑海中会响起一种嘲笑、鄙夷的声音——似乎只有通过世俗的成功和竞争，才有可能获得爱情、尊重和善意。无法让团队协作，无法掌控一切，无法根除懒散……我们认为正是诸如此类的失败，阻止了我们收获爱情和赢得他人的赞赏。我们需要听取"将成就与爱情分而论之"的声音，它提醒我们：即使失败，我们也有资格获得他人的喜爱；成为优胜者仅仅是个人身份的一部分，而且也未必是最为重要的一部分。

通常，上述这种声音源自母亲，也有可能来自爱人、自己喜爱的某个诗人或是我们九岁的孩子。它来自于那些爱着你的人，他们喜爱的是你这个人，而不是你的成就。在许多人的成长环境中，都会有一些焦虑的人，他们要是找不到违规停车的罚单，便会大发脾气；也会因为一些行政事务中的小麻烦，如电费账单，就暴跳如雷。这些人对自己没有信心，因此也就不可能对他人的能力抱有多大的信心，但其本意却不是要伤害我们。每次我们考试时，他们比我们还坐立不安。我们出门时，他们总是会一而再，再而三地问我们，衣服穿得够不够多？他们担心我们的朋友和老师。他们认为，好好的假期一定会演变为一场灾难。现如今，上述这些声音已经被我们内化了。在其阴影的笼罩之下，我们已无法准确判断自己的能力，也无法教导他人取得成功。我们已将那些令人担忧、使人脆弱的非理性声音内化了。

我们需要另一种声音来消除不断滋生的恐惧情绪，来提醒我们自身潜在的力量，但目前恐慌已经把这股力量淹没了。人脑是大而空的，它容纳了我们认识的所有人的声音。我们应学着忽略那些无益之言，关注我们真正需要的声音，以指引我们走出漫漫丛林。无论发生何事，总是有人爱我们的。了解这一点为我们有所成就创造了理想的前提条件。它能给人以力量，让我们敢于冒险并且保持坚韧不拔，而不是让焦虑影响我们的表现。

生活中的那些最令人狂躁不安的时刻，从本质上而言，也是由于教学失败造成的。理解了这一点就会发现希望的基础。原因在于：不管我们对于教师这个角色有多不熟悉，在课堂之外，我们还是会有很多方面、很多机会可以教导他人。我们可以将教学作为一项可以学会的技能。如此一来，"做更好的自己"也就成了一种合情合理的理想。

三 保卫礼貌准则

要是有人坚决反对礼貌，我们一定会感到颇为奇怪。但与此同时，如果一个人过于礼貌，也容易令人心存疑虑。这就是我们的文化。"举止得体"这一概念暗含着要小心翼翼地将自我的某些方面隐藏起来。言下之意，我们应该刻意控制言辞和表情，以免情感外露。浪漫主义时期，许多人深刻地意识到礼貌的潜在弊端，尤其是哲学家让–雅克·卢梭（Jean-Jacques Rousseau），他将礼貌视为一种腐化堕落的行为。有的人表面上衣冠楚楚、满面春风，用礼貌掩饰其自私、无情的一面，卢梭对此深恶痛绝。他认为，从本质上看，寻衅滋事、惹是生非者，一定是满脸古怪，咆哮不已，他人一眼便能看穿其意图。但是一个人要是客客气气、彬彬有礼，就会被视为违背其真正的本性。出于礼貌，你会感谢那些你并不感激的人；你得虚伪地赞美那些你并不尊敬的人；你得摒弃自己真正的看法并且违背自己的个性，以赢得尊重。以上这些都是比较极端的态度，但有些疑虑依然存在，所以，如今人们对"直言不讳""坦诚相待"的说法带有一些钦佩之情。

浪漫主义者主要担心的是：压抑的社会习俗，或不惜任何代价，强制人们讲礼貌的专横要求，抑或是"金玉其外，败絮其中"的人小人得志，这些会导致真正的自我被束之高阁。每每此时，人们都痛心疾首。但是，我们既要看到"举止得体"可能会掩盖一些问题，也要看到它同样有可能会带来诸多益处。

要心平气和地与他人相处，我们能否从礼貌和良好的行为举止中获得一些启发呢？与他人平静相处，并不意味着我们要保持一副无动于衷的样子，冷冰冰地希望"各人自扫门前雪"。问题是：当我们感到生气和恼怒时，就无法做到那些应做和该做之事。人们在生气烦恼时，最容易陷入与他人关系的僵局。

浪漫主义者认为人性本善，且有道德，这使得那些后天养成的行为习惯，要么毫无意义，要么甚至有点邪恶。从理论上来看，这是一个很吸引人的想法。但不幸的是，人们有一种根深蒂固的观点，认为暴力才是解决问题的好方法。如果你觉得自己受到侮辱、遭受忽视或是受人威胁，你一定会开始咬牙切齿、鼻孔扩张、血流加速，甚至发出怒吼，这都是本能使然。或者你会做出诸如此类的事：骂某人废物、恶意挑衅、摔门而去，或是威胁要诉诸法律。我们将上述这些做法视作愚蠢的行为。实际上，大发雷霆只会让事情变得更糟，这是无法避免的。但是我们对这方面的理解还远远不够透彻。

要想彬彬有礼、举止得体，意味着要遵守一定的社会习俗。比如，在餐馆用餐时，无论发生何事，都不应该大嚷大叫，不应对服务员摆出一副气急败坏的样子。当我们想要发泄心中的不满，或感到情绪激动时，这些礼仪规范会提醒我们不要被消极情绪牵着鼻子走。制定礼貌准则和行为规范，其目的在于，在情绪和表达之间构筑一道屏障。每当我们想说"我认为那真是愚蠢至极"的时候，我们应该予以克制，将其调整为"你的想法很有趣，但我不确定这是不是最佳策略。你可以再详细介绍一下吗？"

有了礼貌准则，我们并不会因此而不再生气、恼怒或受伤。它的作用在于帮助我们延缓情绪的表达。行为规范会阻止我们草率地做出判断。在做出任何决策之前，礼貌准则和行为规范有助于让我们看到更多的信息浮出水面，并减轻怒火。它所带来的时间滞后，使我们得以确定事实的真相。它给予我们更多的空间，让我们明白怒火背后存在的问题。充分了解之后，就不会如此震怒了。

按捺不住而大发雷霆，这大多是不成熟的表现。要是我们能够更好地了解事情的真相、他人的真实意图以及对我们心中所思的看法，要是我们能够更加深入地理解引起误会的复杂背景，那么我们便不会如此愤怒和绝望。若能花点时间，好好思考自己脑中所想，也许你就会发现隐藏在怒火背后的，其实是你因自己的脆弱而感到的羞愧，而所有的不耐烦背后正是你对失败的恐惧。

所以，礼貌准则并不否认我们的内心感受，而是提供了更好的机会，以弄清我们真实的情感。

礼貌准则能让我们在打退堂鼓的同时保持尊严。事实上，让我们放弃制高点的原因只有一个，即承认自己败北了，在更为强大的力量面前只得俯首称臣。但是在礼貌准则的作用下，我们之所以宽恕他人，并不是因为自己是软弱无能的懦夫或失败者，而是因为比起混乱，我们更看重平静。礼貌准则让人们更易于向他人赔不是，因为道歉并不是纯粹的让步而已。

礼貌准则的根基在于：人们对本性的深刻洞悉，以及对于文明为何物、为何人类需要文明这一积极的宏大主题的认识。十七世纪，政治哲学家托马斯·霍布斯（Thomas Hobbes）曾大力论述这一观点。霍布斯清醒地意识到，人类的本性不受约束，远非完美无瑕。我们可能会伤害甚至摧毁竞争对手；会占弱者的便宜；会尽可能地攫取超出自己应得范畴的资源；会羞辱那些与我们格格不入的人；会找那些惹我们生气或令我们失望的人报仇，以及竭尽所能地将自己的想法和信念强加于他人。霍布斯认为，上述这些倾向均是人类的天性，因此，我们要积极采取一系列的约束性的行为规范，循循善诱，以期在与他人打交道时，能有一种更为稳妥的方法。礼貌准则并不仅仅是点缀，它的目的在于解决人类面临的一大问题，即人们需要行为规范以将"猛虎"困于心中。

四　繁文缛节

在我们成长的过程中，仿佛整个世界都围绕着我们转动。父母对自己的生活做出巨大调整，以便适应新生儿的需求。每当孩子生日或是圣诞节到来时，父母总会精心挑选礼物，而且要是孩子们表现出不喜欢这个礼物，他们便会自怨自艾。父母关心孩子的身心状况：如果孩子累了，就带他回家；如果饿了，那就吃饭。养育孩子所带来的问题是，孩子会理所应当地认为，父母能够迅速对自己的需求做出反应。这并不是说父母能够做到有求必应，而是说孩子讲明其真正需求后，通常会得到父母的认可和理解。

但不可避免的是，我们经常得面对外界的漠不关心。比如晚上你想做柠檬鸡，需要买个柠檬。由于赶时间，就把车停在街角商店附近，而警察却不会因此就免除你的违章停车罚单。同样，税务局的官员也不会对你说："我们理解你的难处。你可能最近有点焦虑，也可能是和你的另一半吵架了，这些事消耗了你的精力，导致你未能及时填表。我们表示理解并同意等你恢复后，再提交相关资料。"向身边亲近的人倾诉我们的需求和遇到的困难，是顺理成章的。我们善于体谅家人、孩子、朋友以及邻居。只要我们愿意，便可以灵活处事。但是以上看法只适用于私下关系较好的人之间，一旦超出此界限，便不再适用，如被称为"繁文缛节"的领域。

日常生活中，繁文缛节经常是让人们感到焦虑不安的源头。假如你正在给电话公司打电话，要求更改通话套餐。工作人员询问你的网上账户，你却不记得了。但是你记得账户密码、家庭住址、你母亲的娘家姓，以及你养的第一只宠物的信息——它是一只柯利犬与卡尔比犬的杂交犬，叫作皮皮，它喜欢咬地板。不幸的是，有了这些还不够。客服人员并不怀疑你的身份，你们双方都明白，没有一个骗子会盗用信用卡来减少话费套餐的，这也太荒唐了。要是有人偷了你的卡，那么他根本没理由要为你每月省下一小笔钱，相反，他应该顺手把你的手机也给偷了，并且毫不犹豫地更换手机号码。但是如果没有账户的话，就无法办理业务。客服想要什么并不重要，因为不输入那一连串的数字，系统就无法继续工作，就无法办理业务，对此，哪怕客服人员有同情心也无济于事。

　　这种要求之所以令人恼火，不只是因为它很耗时且不方便，还因为它敲响了警钟，让人们陷入这样一种处境：同情心、体谅和人际关系无法解决问题。"无论你是相当正派的人，还是诚实正直的好心人"，都不管用。

再来看另外一个例子：假如在停止办理登机手续几分钟后，你正好赶到登机柜台。此时，乘客还未开始登机，机场工作人员也没有打开登机口通道。十分钟前，和你搭乘同一航班的朋友刚到机场，他就站在离你不远的地方。虽然你只带了一些手提行李，飞机也还没坐满，而工作人员给你的朋友提供了几个可选的座位，但是，你却无法换取登机牌，因为航空公司规定，一旦停止，就禁止办理登机手续。结果，你无法及时赶回家中，为女儿讲睡前故事了。

你不得不等待下一趟航班，这给你带来了诸多不便。更让人烦恼的是，你的需求在管理体系的条条框框面前显得一文不值。对我们来说，温暖的家庭生活是至关重要的，在此却无足轻重。我们不能因为孩子一个人在家或是思念孩子而向航空公司苦苦恳求，因为航空公司不会为某一个人而做出改变，就算对那些已经背负着过多压力的工作人员大吐苦水也无济于事。

繁文缛节的诞生并非是偶然。传统社会中，权力属于个人，而掌权者与人民之间的关系是密切的。氏族首领清楚这一点，并与被统治者保持亲属关系。人们总是期望他人能理解自己，但实际情形却与人们的期待相去甚远。民众认为，只要能说服酋长，他们就能自行决定该做何事，能做自认为合情合理的事。结果也许是极不公平的，因为这可能会滋生徇私舞弊、裙带主义和贿赂行为，而且永无休止。

从总体上看，繁文缛节是构建良好社会不可或缺的一部分。十九世纪末，德国社会学家马克斯·韦伯（Max Weber）对上述观点做过清楚的阐述。韦伯认为，现代政府和工业规模相当庞大，它们通过制定若干系统流程和标准规则以及设立"正确的"做事方法，以提高其效率和公平性。人们要求官员和雇员们要不偏不倚、准确无误地实施上述规则。回顾过去，我们不难理解个中原因。制定这些规则是为了避免徇私和复杂的诡辩，因为它们会让整个系统陷入瘫痪。但是，一旦涉及个人时，确实会产生一些矛盾。

个人的特殊情况遭到忽视或未得到关注，这并不是他人有意为之，而是善意且合理的动机的副产品。这实在令人遗憾，却又无法避免。为了维护大局、主持公道、降低成本、维持社会机制的正常运转，只能忽视个人的具体需求。当我们发现自己处于个人需求与集体需求的十字路口时，我们会变得焦虑，因为设计体系的目的就是为了满足集体的需求。有时，人们的恐慌行为，似乎暗示着那些繁文缛节就是用来逼迫我们的，或是那些执行繁文缛节的人就是些无情的机器人，但是实际情况并非如此。令人奇怪的是，其背后的原因平淡无奇。要提高效率，就得付出一定的代价，那就是，一些事情可能会由于某些看似无关紧要的原因而变得异常复杂。我们时不时地就会遇到类似的情况。

有时，我们会对繁文缛节颇感无奈，这其实是外界的冷酷无情和漠不关心的写照。在你最需要的时候，无论你的需求是多么迫切，就是难以实现：旅馆不会因为你十分渴望参观该城市，并且可以将就在泳池旁的日光浴椅上睡一宿就让你入住；超市结账队伍也不可能因为你的不耐烦，就让你随便插队；商店不会因为某条裤子很适合你，就把裤子送给你；餐馆也不会因为你饥肠辘辘而免费为你提供食物。再比如，你正在赶一份十万火急的工作，而此时笔记本电脑却偏偏连不上打印机了，电脑屏幕上只出现了一行字"无法找到打印机"。而且无论你做什么，都无济于事。不管我们的私人事务有多紧急、合理、有益，在诸如商业、技术和自然等这些不近人情的力量面前，都无足轻重，它们不会通融。

在冷静的人看来，以上种种倒霉事均是无法避免的。以前从爱丁堡出发到伦敦，无论任务多么紧急，都得花上至少一周的时间。人们对于两地距离了然于心，所以哪怕费时再多，也不会感到震惊和沮丧，而是认为十分必要。然而，如果人们只关注用时上的差别，自然就会产生期待和焦躁。原本 167 个小时后，我们就可以抵达目的地，但都已经过了 171 个小时了，我们却还在东安格利亚（East Anglia）附近，这时就会心急如焚。如果我们从一开始就认为技术通常都是变幻莫测的，因为某些方面还有待测试，那么技术失灵也就不会如此令人不快了。如果我们明白银行、水电公司、航空公司和政府部门会有 5% 的时间都是效率极低的，那么就知道为什么在与它们打交道时会常常出现混乱状况。要想做到泰然处之，其根本就在于理解。由于对世界和历史的深度了解，我们得以对未来做出预测，并了解其原因。我们不再相信那些令人生气的原因，如某公司完全不在意其顾客，技术人员都是傻子等，转而接受温和且较为准确的解释，如追求效率势必会产生一些令人意想不到又恼火的情况等，新技术的发展，在许多方面还有待完善，这也是不可避免的。

保持心平气和并不意味着我们非得把上述情形视为

乐观或饶有趣味的事情，只是让我们知道，发火动怒无济于事，只会火上浇油。如果真能做到这一点，那么从抽象的意义上来看，它似乎只是一种微乎其微的进步。但是，每当我们回想起自己暴怒的模样，就会知道这是一个了不起的成就，一种极其有益的成就。

第三章

工作

一　资本主义的影响

"生活在资本主义制度下"，单凭这一点我们就理应获得同情。从人类历史的发展来看，资本主义制度是一种极其复杂的、全新的生活方式。经济学家们从专业角度给资本主义下了一个定义：公司之间为了获得投资而竞争；顾客为了达成更划算的交易而货比三家，因此其需求变幻无常；资本主义也意味着矢志创新，不断争取为顾客提供更多物美价廉的新产品。从这个角度来看，资本主义给人们的生活增添了许多美好的事物：令人血脉偾张的流线型豪华汽车；美味可口的三明治；坐落于荒岛之上的高档酒店；明亮宽敞、充满爱意的幼儿园。但与此同时，资本主义也造就了焦虑不安的芸芸众生。

资本主义最重要的驱动力在于，它以相对低廉的价格提供更具吸引力的产品。这当然能引起顾客的兴趣，但对于生产者而言，却是极不愉快的。当然，日常生活中，我们大部分人在某种意义上都充当着生产者的角色。经济生产率越高，就业情况就会越严峻和不稳定，人们无法感到平静，并且更加惶恐焦虑，这一切均超出人们的想象。

　　资本主义对人们的心理也有一些重大影响。对此，十九世纪中期，卡尔·马克思（Karl Marx）用一句名言予以概括。他说，在资本主义社会，"一切坚固的东西都烟消云散了"。言下之意是：以往的社会要稳定得多。尽管以前比较贫穷，但相对更适合生活。也许，某个小镇的主干道一百多年来几乎没有任何变化，那里的人们也许会将木头房子拆了，改为石头房子，或者砍伐树木以建设谷仓，但过去世世代代的生活方式仍然清晰可见。然而，十九世纪时，这一切发生了翻天覆地的变化。许多大工厂迅速涌现，人们开始兴建住房，短短几年光阴，铁路的开通让小镇经济得以脱胎换骨。以往并不存在"工作"一说，如今却有大量的就业机会。新兴阶层有权有势，而后又被他人所取代。人们开始回想过往的平静生活，此举可不仅仅是因为怀旧。

就当今社会而言，资本主义对于人们的日常生活的影响和意义在于，人们会将对自己的价值判断、对生活的基本态度，与未来的职业发展紧密相连。人们脑中总有一种挥之不去的念头：要是我更加聪明，更加努力，我就会取得更大的成就，获得更高的薪水，过上更心满意足的生活。这一想法令人心神荡漾，因为那些奖品一直都在眼前晃悠，舒适的飞机舱位，精美的厨房用具，与家人出游的美好时光，以及同龄人对自己毕恭毕敬，等等。但是，要想获得这些令人垂涎之物，我们只有奋发图强，努力从竞争中脱颖而出。因此，让我们的身心真正得以放松的万全之策是不存在的。

失败的可能一直横亘在我们面前。一旦失败，便感到万分悲痛，因为在竞争激烈的经济社会中，那些精英人士会告诉你一些残酷的信息：成败皆系于你一身，如若失败，主要责任便在于你。这仿佛成了你的性格的一纸裁决书。

我们将此种经济状况概括为"资本主义"，它将在人们的家庭生活需求与工作需求之间造成矛盾，令人十分痛苦。你原本想和爱人好好过日子，不料某个重大项目截止日期突然提前，你不得不加班到深夜。原本希望表现出精力充沛的一面，然而最终展现给众人的却是一副疲惫不堪、着急上火的样子。与此同时，你还将面临许多无法得偿所愿的事情，如家人之间出现了隔阂，没有放松的去处，无法保持精力。此外，也缺乏魅力四射且善解人意的伴侣，等等。

要是你因为过于忙碌而备受折磨，或者觉得人们向你提出了过多的要求，记住，这些都不是你的错。"个人的苦难与整体的历史进程相关"这句话可能听起来有些奇怪。痛苦和麻烦紧密相连，它们似乎就是由自身的失败造成的，而不是其他原因。但是，我们应将其置于大背景下考虑。历史会客观地评判，责任不在于你，而在于我们所生活的历史时期。

置身事外，将责任划归历史，并不能让困难凭空消失。但是，这种更为准确的新观点也会带给我们解脱。假设你的孩子已经是个十几岁的小大人了，尽管你费心费力，但是他与你还是越来越疏远，对成人的世界也越来越看不惯。或许，各行其是、互不干涉也不失为一种健康的相处之道。你的自然反应可能是，孩子的行为是对自己作为失职父母的回应，但更为准确的看法应是，孩子正在经历人生的必经阶段，这个阶段对于身处其中的所有人来说都是极其艰难的，并非是对某个个体失职的反映，这么一想你就不会那么苦恼了。虽然这是一段痛苦的过程，但是人们还不至于滑向绝望的边缘。人们不再过于自责时，就可能会更加优雅地应对了。

通过对资本主义的力量及其对个人生活的影响进行考量，我们跳出了个人经历的小框架，转而关注更加宏大的历史背景。一定程度上，这缓和了我们肩负的内疚感，但我们的目的并不在于批评资本主义。在这样的制度下，有时工作苛刻的要求会让人倍感压力，但这并不意味着工作毫无价值可言，或更好的选择能唾手可得。比如，我们公认抚养孩子是一件充满压力且要求极高的事情，但我们并不会因此认为这样做不值得。我们善于衡量即将面临的挑战的严峻程度。我们自身或他人均没有错，所有人都生活在充满竞争且不稳定的职场时代。如果经常感到有压力，这也并非完全是我们的过错。

二　雄心壮志

胸怀壮志者通常备受推崇，很少有人希望别人觉得自己胸无大志。尽管志向具有种种积极的作用，但它同时也给人们的生活带来了深深的焦虑与不安。例如：你可能不知道如何规划自己的人生，觉得前途渺茫，而其他人似乎都已站稳脚跟，并且小有所成；你觉得自己应该有所作为，却不知道该做点什么。一切似乎都不太对劲。也许，在某个星期天晚上，你在对未来的职业发展进行规划时，不禁深感忧虑。何为明智之举？风险何在？从事哪一领域最为合理呢？是否该跳槽自立门户了？或是转变方向，涉足新行业？

诚然，职业发展与金钱有关，但除此之外也受很多其他因素影响，如充分发挥个人才能，为他人奉献自我的雄心壮志。正是因为我们想"成为理想中的自己"，所以才辗转反侧，彻夜难眠。我们觉得自己有无穷的潜能，只有通过理想的职业发展，才能将内在的潜能淋漓尽致地发挥出来。

关于自身潜能的想法，就像幻影一般萦绕心头，让我们内心紧张焦灼，无法获得须臾安宁。在凌晨三点钟，或是开车时，抑或当我们凝视着浴室镜子中的自我时，这个"幽灵幻影"便出现了。人们实际取得的成就与预期总是存在着令人痛苦的差距。日子一天天地过去，我们正在加速奔向死亡。对于职业发展所做出的种种决定最为关键且最为重要，它会影响到人们未来的生活，关乎人们如何度过匆匆一生。这些想法令人惴惴不安，更糟糕的是，人们认为自己不该有这些想法。

现代人关于职业生涯的想法，与前工业化时期人们对于职业发展决定的看法不谋而合。后者起源于浪漫主义时期人们对理想职业的定义。当时，诗人或艺术家是社会上最受人尊重的职业。吟诗作画才是事业。成为诗人或艺术家并非出于选择，人们并未在某些相互竞争的选项中做出合理的选择，但在灵魂深处信服，这份职业就是自己的宿命。人们清楚地知道自己注定要做的事。很长时间以来，人们认可的崇高职业仅仅局限于一个极小的范围。但是渐渐地，随着可以从事的工作范围越来越广泛，职业也就不再是少数人拥有的不寻常之物了。大家都认为人人都能找到工作是件很正常的事。由于有了职业这一概念，我们很容易想当然地认为我们有一种理想的工作———种我们天生就非常适合的，能让我们快乐的工作。但问题是，这是怎样一种工作呢？关于职业的理念告诉我们，合适的工作自然会找上门来，会向你大声呼唤，并引起你的注意。如果上述情况并未发生，也许问题在于你自身。

为了以略平和的心态面对上述问题，我们应该承认"发现自己的职业兴趣所在"这一问题具有内在尊严及复杂性。而职业理念的提出则悄悄地削弱了其尊严，同时也降低了复杂性。职业理念告诉我们，从事何种工作确实很重要，但是对于如何发现自己的职业兴趣所在，无须格外关注，因为直觉会告诉你。

我们不应该效仿浪漫主义者，对直觉深信不疑，而是必须以"就事论事"的态度看待"发现自己的职业兴趣所在"或者"未来的职业兴趣所在"这一过程。这是我们承接过的最为棘手、最为复杂且最令人精疲力尽的任务之一。花费大量的精力思考此问题太正常不过了。我们还应该意识到，有时候我们需要他人的鼎力相助；

有时候则需要花上一周时间，远离一切人、事、物，完全沉浸于独自思考之中，无须取悦任何人。

　　发现自己的职业兴趣所在，既费时又费力，这并非因为我们很愚蠢或是自我放纵，而是由于我们所做的决定是七零八落、远非以完美的事实为依据的。我们的经历之中充满着令人困惑且零散的信息。一个人的真正长处何在？我们经历过厌倦，也曾经兴奋不已。我们得心应手地解决过某些问题。有些问题最初令我们无比向往，而后又被我们抛诸脑后了。凡此种种均应一一找出，逐一解码、解读、拼贴。有些问题自相矛盾，我们需要权衡利弊。一个人可以承受多大的风险而不会感到有压力？他人的尊重对于你来说有多重要？要想知道以上问题的答案，我们就必须有高度的自知之明。在理想的文化之中，必定会有许多文学作品将思考职业发展方向这一重要命题作为其描述的重点：故事中的主人公不畏艰难，踏上探索之旅，并且坚信自己应从事活动策划管理；或者当下决定转行，并将其长期以来对牛油果的兴趣变成了一份工作。

　　人们在成为作家的过程中，最为痛苦的醒悟之一就是初稿，甚至是二稿、三稿等都极为难产，让人无法忍受。对于一个初出茅庐的作家而言，初稿乏善可陈，和精雕细琢的终稿相去甚远，难免让人觉得此人不适合走写作这条路。有人认为，段落写好之后，要串起来易如反掌。然而这其实十分棘手，这种领悟尽管令人痛苦，但颇有助益。想法也好，联想也罢，通常会以一种让人困惑的方式，杂乱无章地显现出来。人们想说的话隐藏在日常话语之中，而这些话语彼此之间的联系又不甚明显。孰先孰后，暂时还不得而知。也许，作家得前前后后反复修改稿件，十几二十遍之后才会明白自己真正想要表达的东西。厘清思路通常就是要花费这么长时间。当然，并非我们所有人都要写小说，但是"反复修改稿件"这一例子揭示了人类思维的普遍规律：试图了解自身要经历漫长且复杂的阶段，中途可能会有许多的修修补补，需要重新排列组合材料，最终我们才能了解自身。

　　人们不得不在无法避免的恶劣条件下做出有关自身职业和发展的重大选择。我们常常缺乏足够的时间，对于可供选择的东西，也没有做到充分的了解。最终，我们试图描述某个自己都并非完全了解的人，即未来的自己，并且极力猜测，对于未来的自己而言，何种选择最好？情况变化无常，各行各业风云变幻，但届时，我们已经掌握了一整套技能，积累了很好的人脉，从而也让自己更适合于为自己设想的未来。

　　在公共场合，我们经常会接触到的，大多是那些极其擅长利用才能来实现抱负的人。不可避免地，我们听说过太多诸如此类的故事，但其实这些人极其罕见，因此，让我们和他们相比较不仅不够合理，而且也没有多大的帮助。或许，听一听其他类型的榜样故事，反而更能从中受益。这些"榜样"更具典型性：他们坚持错误的观点，走错路，偏离了某件事后证明其为最佳的选择，积极投身于极其错误的行动计划之中。

普天下的困境，大抵都是悲伤的。几乎每个人在离开人世时，都尚有很多潜能未得以开发。许多原本可以做到的事，就此被搁置了。也许与世长眠时，你心中还乞求着他人的认可，或是为那些你未能做到之事而背负着失败感。但这不应成为我们感到遗憾的原因，我们应意识到这是最为平常的事情，是所有人必须共同面对的命运。它令我们悲伤，但悲伤的人不止你一个。人们的想象总是会超越其潜能，这种想法令人悲痛，但也会让人感到特别宽慰。人人皆是壮志未酬，这只是我们大脑进化方式奇怪的结果。

三 耐心的力量

理论上讲，工作是生活的一部分，是人们成事的基础。人们并不会游手好闲或是做白日梦，而是将想法付诸实践并取得进展，最终获得实实在在的成果。从大的方面来说，人们会为集体智慧的结晶而深深折服：齐心协力创造了城市和航空公司；建立了医院和学校；创造了全球供应链。此外，那些令人称奇的创新事物也得以成为现实。但当我们细细查看，仔细深究日常事务的运转时，就会发现对工作的想象与现实间有很多不同之处。例如：今早我们需要与市场研究团队讨论某些数据，而关键人员却未能出席。电话会议上，我方打算确认客户对解决方案是否满意，但客户却表示他们只能暂时同意，因为他们需要更多的时间与该项目所有参与方确认。甚至到了最后关头，有个人还坚持要做些修改。经过八轮的讨论之后，原本支持该投资项目的主要负责人却被调任其他岗位了，他的接班人提出了不同的看法。最终，出现了一些棘手的法律问题需要处理，而公司的税务责任也不明晰。我方正试图从略持怀疑态度的合作伙伴那里获得更多支持。似乎，工作就是导致怒火和拖延的主要源头。

古希腊哲学家亚里士多德试图给"何为好戏剧"下

定义，他的主要关注点是如何让故事得到人们充分的理解。他认为故事背景应在某地快速展开，且清楚地交代几个主要角色。人物行为不应过于复杂，一切事情的发展应符合逻辑：有明显的开端，确定性的结尾，两者之间还贯穿着清晰的线索。作者描绘故事的理想步调正是人们对于自己生活的期待。

但现实却与此大相径庭。我们在工作中，会遇到形形色色的人。其中有许多人我们并不是真正了解，或者说不能正确理解其动机，不知道事情何时结束。也许，人员重组意味着项目被暂时搁置，或是已经走到了尽头；也许，我们仍处于起跑线，仍未取得进展；又或者我们正朝着错误的方向迈进，并且与所期待的终点渐行渐远。现实中，人们取得进展的过程错综复杂，自然而然地，我们心中所需要的是一个更为清晰且更令人满意的模式。对于理想模型与现实之间的分歧，人们将其称为沮丧、失望以及不耐烦。

为了将耐心等待这一方法植入那些鲁莽冲动之人的

思想中，人们编造了许多谚语，其中之一便是"罗马非一日建成"。其目的在于将人们的注意力转向那些数不胜数的"虽然进展缓慢，但取得了伟大成就"的例子上。传统意义上认为，罗马从起初的村屋瓦房变成宏大磅礴的大都市，几乎得花上整整九个世纪的时间，在安敦尼王朝（the Antonines）时期，尤其是在斯多葛学派哲学家马可·奥勒留（Marcus Aurelius）的统治下（马可·奥勒留于公元161年至180年在位）尤为典型。罗马在其建造的过程中多次出现倒退，屡屡面临巨大的危难；也曾屡遭洗劫、围困和焚毁；爆发过内战，出现过骚乱；统治罗马的还有不少骇人听闻的君王。不管怎样，在支离破碎的表象下，人们可以清楚地追溯其历史发展的漫长轨迹。对于以往生活在任一时期中的人们而言，这一轨迹并不容易察觉，然而如今回顾过去，这轨迹竟是如此清晰！

提出这个广为人知的例子，目的在于让我们正视这一真理。虽然从理论上来讲，它十分明显，但事实上，在我们最需要它的时候，却很难践行。日子得一天一天地过，但许多有价值的项目，得花上好多年才能见到成效。进展甚微让我们颇感沮丧。进展如此缓慢，与我们对速度和叙事衔接的要求似乎背道而驰。人们只希望看到进展，看到实实在在的成果。

我们提出这样一个话题并非只是号召人们要有耐心，而是想表明有些事情确实需要花费很长的时间，你又何必抱怨呢？之所以会刻意提出来，是想提醒人们：耐心的基础在于我们对事情真正的运作方式的理解。"罗马非一日建成"，这句谚语点出了导致我们产生焦虑的主要原因，即面对某些事情所需花费的时间超过了合理的预期，滋生了急功近利的情绪，而这种做法其实是不合情理的。

人们学习钢琴或意大利语时，经常会感到沮丧，认为自己进步缓慢，无法容忍。我们幻想着要快快学会，然而这其实是不切实际的。就像建造罗马城那样，掌握的过程并非是一条坦途，而是迂回曲折的。

时刻提醒自己：罗马的建成需要几百年的时间。人们所享受的各种商品和服务需要投入大量的劳动力。对此，相关企业和人员出于好意，并未向消费者透露。例如，那些企业出于礼貌，并未告诉人们某个瓶装水公司创始人的故事。有多少个夜晚，这位创始人都是在噩梦中惊醒。她也发过无数次脾气，潸然泪下地疏远了孩子。有一次，她和一个法国塑胶供应商开完会后，感到无比沮丧，甚至呕吐不止。由于我们过于期待最终结果，所以，当所有难题都迎刃而解之后，很容易就会把整个过程幻想成是一气呵成、简单且令人愉悦的经历。想到这些，人们所感到的巨大压力和沮丧之情也就随之烟消云散了。

我们之所以会不耐烦，并不是因为事情果真耗时很久，而是花费的时间超出了合理的预期。有时候，情况的确如此。但在更多情况下，问题在于人们对于事情所花费的时间进行了不合理的预估，而非"事情"本身所花费的时间太长。我们出于无知预设一个紧凑的时间跨度，因此也只能自食其果了。这都是因为我们并不完全理解任务的本质，并且对于完成任务所需时间未做出合理判断。

四　与他人共事

十九世纪至二十世纪，一个新的理想工作环境的概念——工作室开始出现，且影响颇大。它大约是这样的：倾斜的天花板，超大的窗户，邻居家的屋顶尽收眼底，零星摆放的家具，空气中弥漫着松脂油的味道，杂乱的桌上随意摆放着颜料，还有倚靠在墙上的未完成的作品。还有一个因素尤其能吸引人们的想象力，即工作室是独处的好地方。在这里，艺术家可以独处，免受外界干扰，他们能够开展自己的项目计划，而无须征求任何人的同意或批准。对于创作，艺术家从头到尾都能自己把控。

工作室这一理念持续深刻地影响着现代人的想象力，

人们不仅将其视为绝佳的工作场所，还将其看作是理想的好去处。艺术家的工作室既完美又浪漫，相比之下，工厂（特别是办公室）给人的感觉，就像是一个充满了妥协、沮丧、平庸和极易被干扰的地方。工作室里，凡事可以自己动手解决，而无须同事帮忙。因此，也就避免了现代生活中让人焦虑的根源之一——需要与其他人一起工作和协作。

人们对工作室的偏爱胜过办公室，这确实是不争的事实。人们未能注意到，如果每个人都能单独工作的话，效果会更好，但几乎所有人都得在办公室里工作。之所以会有团队和办公室，是因为很多商业活动和行政事务无法一个人单枪匹马地独立完成。仅凭一己之力是无法经营一家航空公司，或是进行城市规划设计的。许多事情都无法由个人独立完成，因此人们面临着一系列无法避免的问题。与此同时，还会遇到那些剥夺自己平静生活的人，其中包括经营者、同事和雇员。

只身奋斗的艺术家的故事影响了公众对工作的看法。

他们的奋斗史和个人成就总是为光环所笼罩。人们对此总是充满了敬意和兴趣，也更热衷于阅读某明星专访，而非其幕后团队访谈。人们想当然地认为，明星的经历更加有趣。对于工作为何物的美好幻想，使得我们无法恰当地理解和领会自己日常生活中最有可能面对的一切。我们没有对自身所需的技能和品质形成正确的认识，其实这些东西有助于我们的合作取得成功，让我们的工作富有成效，且令我们乐在其中。

其实，协作既美妙又重要。让整个团队成员共同努力且相互配合，是最伟大的事业之一。在某些特殊场合，我们认识到了协作的好处，如合唱团的和谐之声、交响乐团的协调一致，为我们所赞赏。因此，理想的情况是人们应意识到，那些不算有声望的活动，也需应用类似的合作技巧，这是同等重要的。比如风险管理项目的执行和监督，只有这样我们才能确保面临困境时，一样可以保证超市供应链的稳定。

在办公室工作的人，需要掌握一系列的技巧，其中包括：妥协让步；清晰简单地解释；提出反对前需要仔细倾听；不要张扬；不要对号入座；对于自己未考虑过的想法，要学着发现其好处；等等。而在工作室里工作的人则不需要。我们打心眼里讨厌这些技巧，但又不得不去学着掌握。上述这些品质理应获得，却尚未获得公众足够的重视；理应吸引我们的注意力，但尚未点燃我们的想象力。比起艺术家身上的品质，上述品质同样能给我们的生活带来好处，甚至大有裨益。

同事惹我们生气，让我们感到不耐烦、失望或抓狂的时候，我们总会为自己的苦恼找到一个致命但又诱人的解释：我们周围都是些不同寻常的马大哈或无能之辈。事实上，与他人好好合作本身就很难。为什么会如此呢？原因如下，姑且择其要者而述之：

关于同事的主要问题在于，同事毕竟是同事，他不是你。为了理解这点，我们不妨来看一看婴儿的例子：婴儿不知道妈妈其实是一个独立的个体。只有经过漫长且困难的发展过程后，他们才能意识到，妈妈其实是另外一个个性鲜明的个体，她除了与自己有血缘关系之外，还有自己的完整生活和经历。也许，他们得花上一辈子的时间，才能接受这一点。

我们会在很大程度上，固执地用自身经历来塑造自己对他人的看法，以及猜测他人心中所思所想。我们发现，要清晰、冷静地把他人设想为与我们截然不同的人是很有难度的。他们有不一样的技能、缺点、动机和恐惧。似乎，人类在大脑进化的过程中，并未遇到解决这一特定问题的需求。也许是因为，在人类漫长的进化岁月里，相较于个人和群体的生存来说，人们对于"他人想法与我们有何不同"这一问题的兴趣要小得多。

办公室里的同事并不在我们的掌控之中，然而我们却需要他们的协助，以完成复杂且精细的任务。人们在工作时，并不会真的给自己下清晰的指令。在进行某一项目时，如果能倾听自己内心的独白，便会发现，于旁人而言，自己口中蹦出的是些表示肯定或是含混不清的胡话，例如："不，是的，拜托！啊！差一点点，不不不不，后退一点……好的，行了行了……不！对。可以。"
以上这些可能是人们为了挑选搭配某段文本的图片时，内心所发出的指示。在此期间，还可能会咬咬下嘴唇，或身体微微向前倾着。

但是，我们与他人合作时得顺着意识流，并学着将其转化为指示、建议、要求和提示，以便他人能清楚了解并有效接收。他人并不能单凭直觉就理解你需要什么，他们和你的见解并不统一，兴趣爱好也不一致。要将自己内心的信念、态度以及动机，转变为其他人可以理解的东西，是极其困难的事情。如果我们天生就不擅长于此，也不是我们的过错。

此外，合作并非易事。因为在每个人的外表之下都隐藏着相当怪异的自我。因此，和他人共事时，必须运用许多特殊能力和措施，才能真正有所收获。合作之所以令人沮丧，不仅仅是因为它是件难事，还因为其艰巨程度超乎我们的想象。认识到他人及自身的奇怪之处，为我们的观点提供了恰当的基础：显然，合作是一件棘手的事；人们很有可能遇到许多障碍，且需要花费大量时间予以解决。这种观点与我们先前的看法恰恰相反。

我们需要不断地提醒自己：时刻为他人着想；某些事于己容易，于他人难；他人需要我们的鼓励；我们认为自己直言不讳，但哪怕一语中的，也可能带来灾难性的后果。他人有复杂的心理，背负着旧伤疤，或有着令人意想不到的可怕的脆弱性——虽然表面上看起来并非如此，我们却习惯性地并未将其考虑在内。对于一些问题，如"我们该如何与某同事相处？"或许得花上大量的时间和精力去思考，才能找到答案。但是，如果每个人都是——且该是——坦诚率直的，那么我们就不必如此大费周章。要想心态更为平静，那么首先就要理解合作是件棘手的事，但与他人精诚合作的任务是高尚而有趣的。它值得我们为此花费时间和精力，并且不断反思，以便能以平和的心态相互协作。

第四章
平静之源

一　所见之物

　　有两条路通往平静之路，其中一条我们先前已探索过，即哲学。现在我们要探讨第二条路，即艺术。哲学试图通过理性能力，使我们平静下来。而艺术所关注的是，观念如何通过感官去影响人们。艺术家了解，人类是注重身体感官享受的生灵，因此有时动之以情比晓之以理更为明智。

　　龙安寺禅意岩石庭园（The Ryoan-ji Temple Zen Garden）位于日本京都北郊，是当地一处主要的旅游胜地。游客们坐在木质走廊上，长时间地注视着那些被耙得整整齐齐的沙砾和岩石，岩石上还长着青苔。对西方旅游景点习以为常的人们可能会觉得此地很奇特。似乎，沙砾

春季的京都龙安寺禅意岩石庭园

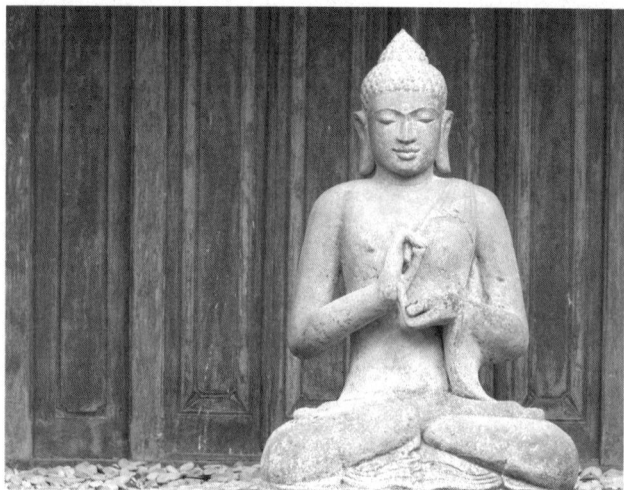

巴厘岛佛陀石像

和岩石并无任何"象征意义"。它们并非用于纪念某一大事件,或能引发任何超自然的联想。恰恰相反,游客来此地游览,不过是为了获得平静的厚重感。站在园中,从眼前所见的那些精心设计的沙砾、岩石和青苔中,渐渐领悟到如何过上一种更加平静的生活。

龙安寺禅意岩石庭园的建造遵循着一种朴素的想法,即外部世界为人们感官所呈现的东西,对于人们的内心世界会产生强烈的影响,包括思想和情绪。换句话说,感官指引着思想。从传统意义上来说,这种看法冒犯了那些聪明人,因为它弃认知智能中心于不顾,并且违背了人们的某些观点,即人的思想主要受信息和论据的影响。显然,龙安寺禅意岩石庭园并未为我们提供任何相关事实或是理论依据。它并不与人们进行理性上的辩论。相反,它只是呈现出一种精心安排的感官体验。

感官体验能改变人们的情绪,这一看法在佛教中也有体现。几个世纪以来,虔诚的佛教徒雕刻了许多佛像。

佛陀的基本形象如下：盘腿而坐，闭目养神，一直保持着微笑。佛陀看起来非常自在安详。端详佛像的意义十分简单，也令人释然，即我们应该学习佛陀的状态。应以其雕像为榜样，塑造自己的内心世界，找寻属于自己的那份舒适、豁达与平静。

西方传统要求人们专注于佛陀的思想。佛教更明智地懂得，人类有时候会受到他人的笑容的影响。人们可以将周围人的脸作为起点，开始塑造自己的内心世界。心理学家认为，妈妈微笑的方式向孩子传递了一种满足感，而孩子接收到此信息后，便会报以微笑。情绪是会感染的。通过经常仔细观察佛陀那平静且怡然自得的脸庞，人们将拥有一些令人满意的品质，此外，还将获得更多平静和安宁，而此二者正是我们一直以来所匮乏的。

创造从容不迫的平静氛围，并非佛教所特有的目标。修建于中世纪的基督教建筑也常常以此为理想。熙笃会修道院（The Abbey of Cîteaux）离法国城市第戎（Dijon）

不远，由熙笃会修士于十二世纪兴建。修士们初到此地时，周边地区仍是一片沼泽地和荒野，但很快他们便将其发展成一个重要的工业企业中心。他们参与土地开垦、房屋建造、农业发展、冶金制造、葡萄栽培、啤酒酿造和教育工作。修士们坚定地认为，这些高强度的工作，应在有序而平和的氛围下开展。他们希望以最佳状态进行劳作。所以，宁心静气不仅是其心理指导原则，也是其建筑指导原则。

熙笃会修士利用当地的石灰岩建造简朴、和谐的建筑，选用素雅的颜色，鲜用装饰物。建筑规划奉行简单重复的原则——各扇门窗以及房顶、穹顶之间差别不大，因此目光所及之处，均可发现类似的地方。一切都显得结实、耐用。人类天生具有的脆弱性，与古老的砖石建筑形成了鲜明的对比。修士们尤其喜爱回廊，回廊一直通往寂静的中心广场，即便是在下着雨的午后，人们也可以在广场上散步、休憩、释放压力。几百年来，人们建造了成千上万座像熙笃会修道院这样的建筑，其目的大抵相同，在

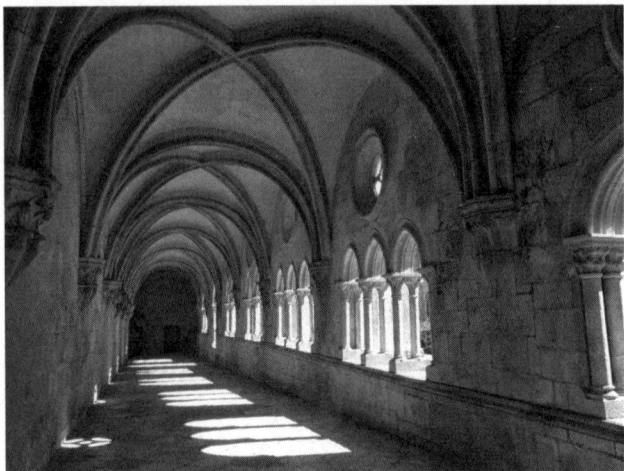

葡萄牙阿尔科巴斯修道院

于创造一种平静的冥想氛围。但如此一来，它们也容易被打上"修道院"的标签。虽然，人们对于平静的追求和渴望，并非出于宗教信仰或是信仰基督教的原因，它是一种持续且广泛的需求。但不幸的是，修道院和寺院明显的宗教背景让人们产生错误的联想，似乎，这些平静去处与人们对于基督的信仰之间有着某种固有的联系。我们需要重新发现，所有的建筑都将追寻平静作为其根本目标，而绝不仅仅是饱受折磨时候的容身之所。

过去数百年来，艺术家们也将追求平静作为核心使命，并向世界传递。十七世纪，法国画家克洛德·洛兰（Claude Lorrain）专门描绘柔和的天空，静静的流水，高大秀丽的树林。他最为出名的技法之一便是，将人们的目光逐渐引向远方深处银白色的世界，引向那渐渐消失的山脊，从而让人们进入一个比平常居所更为平静的世界。克洛德试图创造出能抚慰人们情绪的视觉图像，以便思想得以短暂地如画中景色般柔和而平静。他的思想属于传统主义的范畴，认为绘画与其他艺术形式一样，应帮助人类陶冶情操。既然保持平静心态是人类生活的主要关注点，克洛德相信，任何一位真正有抱负的艺术家，都应将追求平静作为其作品的表达目标。

但是，以上关于艺术的看法，却遭到后来兴起的浪漫主义者的排斥。他们坚持"为艺术而艺术"的观点，并且对于清晰、直接阐明艺术作品可能对人类有益的做法感到难堪。从某种意义上而言，具有疗效的艺术自然就缺乏深度。因此，即便现代的视觉艺术作品是真正能帮助人们保持平静的重要工具，人们也会为是否要接受此种帮助而迟疑。

比如，二十世纪美国艺术家艾格尼丝·马丁（Agnes Martin）对于保持平静的方法有着浓厚的兴趣。一位采访者请她解释其创作的目的，画作中有意为之的抽象性，及其反复运用的灰色格子的用意时，马丁回答道："当代生活导致人们感到前所未有的不安，因此，我希望大家在欣赏作品时，能够将思绪带往另一方向。"尽管通常博物馆的解说员和学识渊博的导游都很少用简单有用的方式讲述故事，但马丁通过其作品中的格子和简洁的线条，为人们提供了一种简单的思路，正如克洛德作品里的地平线和漂亮的云朵，龙安寺禅意岩石庭园的僧侣运用的青苔和岩石，雕刻佛陀的雕刻家刻画的哲学圣人的淡然一笑……它们都提供了一种外在的表现形式，从而激发并提升人们的内在性情。

某些时刻，人们能明显地感觉到，外在事物会对我们的情绪产生重要的影响。比如看到收拾得整整齐齐的橱柜，平静和喜悦之情便会油然而生。傍晚时分，到公园或是海滩闲庭信步，也能给人以深深的慰藉。人们在独处时，非常容易注意到眼前的所见之物对自身的影响。通常情况下，人们对此并不持有坚定的态度。人的情绪会受到视觉环境的影响，这一看法是对我们理性自尊的打击，也是对我们作为理性的健全个体的一种打击。我们不愿承认自己可能出现了视觉上的紊乱。这很容易让人觉得我们是在吹毛求疵，甚至有点儿矫揉造作。这也解释了为何政府官员在进行城乡规划时，从未将追求平静作为第一要素。人们对于"精神健康取决于平静的环境"这一看法不以为然，这也是为何我们拥有如此众多的霓虹灯和丑陋的高楼大厦。

外在视觉形象究竟有多重要呢？这一议题在西方社会历史上饱受争议。其中有两大宗教派别对此议题持对立的态度，即天主教和新教。

历史上首个出于信仰新教而建立的教堂便是城堡教

意大利威尼斯的圣母玛利亚教堂

堂（The Castle Chapel），它位于托尔高（Torgau），离柏林只有两个小时的车程。1544年，由马丁·路德（Martin Luther）出资兴建。该教堂的设计极其简朴、实用，只是作为挡雨御寒的场所。在这里，人们可以祈祷、思考、听布道。人们应该只受思想的影响，任何其他东西，如绘画和雕像以及美好的事物等，均被视为陷阱，它们只会诱使教堂会众分心，不去关注真正重要的事情。上述观点与天主教的观点截然相反。比如，位于威尼斯的弗拉里天主教教堂（Frari Church）就藏有大量极其复杂且价格昂贵的绘画及雕塑作品。该教堂藏品甚丰的目的在于，让自己成为一个吸引眼球的地方。即便有时人们并非出于虔诚，也可以到此小憩。弗拉里天主教教堂的建造和装饰，均受一种强烈的信念所指引，即通过视觉环境使人们进入某种状态，以更易接受思想洗礼。天主教的这一思想源于以下观点：人类是混合型动物，既注重感官享受，也看重精神生活。人的内心世界在很大程度上取决于外部世界，因此我们应该小心谨慎、不遗余力地构建外部世界，以便更好地服务于内在所需。这就是为什么天主教在如日中天的时候会斥巨资兴建最精美的建筑，创作最优秀的艺术作品。他们这么做的目的并不是为了自己享受，而是为了齐心协力系统提升人类灵魂。

有关视觉形象作用的争论一直持续到今天，但少了许多宗教色彩。新新教（The neo-Protestant）否认内心世界与外部世界存在任何联系。该教认为，人们穿的衣服、房子的外观、城市的视觉特征都不过是无足轻重的东西而已，我们大可不必为之烦恼，这样做也不值得。但凡强调外部世界者均会招致怀疑，新新教不仅对此嗤之以鼻，而且认为这纯粹是为了炫耀或自抬身价罢了。与此针锋相对的是，信奉新天主教（neo-Catholic）的人认为，人们的确有深层次的理由关注事物的外表，有了体面的街道、火车站、图书馆、厨房和服装，才会有体面的人。抛去任何先入为主的宗教考量，当代新天主教俗家弟子仍然将视觉艺术和设计视为获得内心满足的重要途径。

从某种意义上来讲，人们更倾向于支持新新教人士的观点。这让我们在面对周遭事物（如墙壁的颜色、城市的设计、酒店客房的质量）时，不至于那么失望、脆弱。我们眼中所见的大多数事物，都是杂乱不堪的，它们是我们的敌人，因为它们打破了我们的平静，分散了我们的注意力。然而，我们得承认：不管视觉氛围是复杂还是不起眼，所见之物确实会对情绪造成很大的影响。

通过阅读、思考或交谈寻求平静，这并非蠢事。但除此之外，我们也可采取其他更简单的方法，如把橱柜打扫干净，把床铺收拾整齐，在墙上挂上静谧的风景画，把花园打理清爽，等等。我们需要用平静的艺术作品犒劳疲惫的双眼，同样也需要让思绪沐浴在平静的逻辑之中。

二 所听之声

　　人类社会创造出的最令人宁心静气的东西之一莫过于摇篮曲。几乎在所有文化中都可以看到这一幕：母亲一边摇着婴儿，一边哼着歌儿哄他入睡。显然，声音对于人类有着深深的抚慰效果。有时，还有一些类似的现象，如浪花拍打海岸的声音，或微风拂过树叶时发出的沙沙声，都会令人倍感舒适。

　　人们通常会认为，声音能影响心态。这本身并无争议。然而，我们却未将此种看法付诸实践，也未将其作为管理自身情绪的工具，从而有针对性地解决焦虑问题。

摇篮曲的例子揭示了一个不起眼的道理，即并非要有歌词才有宁神静气的效果。婴儿并不理解妈妈说的话，但妈妈的声音却能起到同样安神的效果。婴儿的例子说明，人类属于声音型生物，对于声音的特征反应敏捷。这一点很早以前就已经存在了。当时，人类尚未具备理解能力，更别说理解话语的意思了。有时候，音乐也许是最主要且最有效的沟通手段。作为成年人，显然我们对于语义交流更为熟悉。我们理解他人所使用的词汇、短语和句子的重要性。但在感官层面，人们所听到的语气、韵律和音调所产生的影响，远远超过任何话语。有时候，音乐家所能表达的思想远胜于哲学家。

著名音乐家俄耳甫斯（Orpheus）的故事曾经让古希腊人为之心驰神往。有一次，俄耳甫斯得前往冥府解救妻子。要到达冥府，他必须通过冥府看门狗这一关。把守着通往死亡国度的入口的是一只极其凶猛的三头犬。据说，俄耳甫斯在三头犬面前弹起了极其优美迷人的音乐，它就渐渐地平静下来了，而且暂时保持温和、驯服。希腊人这是在提醒自己，音乐对心灵的影响。俄耳甫斯并未和冥府看门狗讲道理，也没有试图解释允许自己通过这道门的必要性，更未谈及自己对妻子深深的爱，以及自己的救妻心切。冥府看门狗正如人们在悲伤的时候一样，对一切大道理统统免疫，但它还是会受到外界的影响，问题在于如何找到合适的途径去影响它。

我们感到焦虑或是心烦时，善良的人试图从语言层面给我们安慰，他们摆事实、讲道理，试图通过字斟句酌的话语影响我们的思维，以减轻忧虑。但是，我们从冥府看门狗的例子不难看出，有时候，更有效的解决方案在于感官抚慰。也许，我们需要听摇篮曲或是肖邦的序曲才能平静下来，变得温和，之后才能听得进别人给我们讲的那些道理。

将某些特定和弦、调子与某种情感体验联系起来，这事由来已久，德国诗人、理论家克里斯蒂安·丹尼尔·舒巴特（Christian Daniel Schubart）就曾经将 G 大调与"平静且满足的激情……略带感激、温柔且平和的心情"联系起来。上述这些都是很好的总结，它们证实了一种观点，即某些音乐自有一股平静的力量。其实，这一点都不神秘。人类的内心好比八音盒，一旦与某些音乐接触，便会跟随声音或乐器缓慢律动。在音乐的指引下，呼吸也开始变得均匀而平和。此时，任何话语都是徒劳：音乐的效果首先从身体层面开始显现，之后，它会影响人们的思想特征。

这意味着，理论上人们可以开始着手创作专门针对情感需求的音乐，而此种做法与医药研发者开发有效治疗心理疾病的药物，并无太大区别。然而目前这种创造性的工作却不受尊敬。但是，过去却不是如此。世界上最伟大的音乐天才曾致力于宗教任务——这些作曲家常常有意让听众进入某种心境之中。通常他们的目的在于给听众带来内心的平静。比如说，舒伯特（Schubert）作于 1825 年的《圣母颂》（*Ave Maria*）。它让人仿佛置身于宽厚仁慈且满怀柔情的怀抱当中，不仅不会遭到批评、指责，而且自己的不幸还将得到他人深深的理解与同情。音乐也可以让人们振作起来，不再纠结于眼前的烦心事，就像父母亲试图分散心烦意乱的孩子的注意力一样。

有时，我们想要放弃，或信心全无，又或者因为世界加诸于自身的种种要求而感到崩溃，可以听听彼得·盖布瑞尔（Peter Gabriel）的歌曲——《请别放弃》（*Don't Give Up*）。其创作意图类似，均属于音乐疗法。其方法在于我们要学会像母亲那样体贴入微：首先承认，失败的确会让人痛苦，之后再提供体贴的鼓励。我们并非安慰他人说他的计划必定成功，而是肯定其人生价值。人们处于低谷时最缺的是同情心和信心，音乐则弥补了这些不足。

然而，这些音乐创作更接近于特例。从文化角度上看，音乐为人们提供了获取平静的机会，而人们却不曾好好把握。人们认为，音乐不应成为有意为之，且带有目的性的东西，也不会对人们的情感生活产生某种有利的影响。人们更倾向于寻求药物的帮助，而非音乐。

要是人类社会更加明智、更有抱负，那么除了药物试验之外，我们应当还有音乐试验。设立音乐实验室，对构成音乐的各个元素进行微调，包括韵律、音频、旋律、音色以及音高等，并衡量这些微调会对听众产生何种不同的影响。如此一来，人们便会了解到，何种听觉介入对何种忧虑情感起作用。比如：可能某些人对 A 小调会有不良反应；而长笛可有效缓解夫妻双方性幻想带来的紧张局面。

基督教教堂运用声音影响情绪，并将这一理念发挥得淋漓尽致。它们热衷于招募同时代最为杰出的作曲天才。十八世纪三十年代至四十年代期间，约翰·塞巴斯蒂安·巴赫（J. S. Bach）在其作品《B 小调弥撒》（*Mass in B Minor*）中，为了激发人们对于宗教仪式各个组成部分的合理情绪，谱写了特定的乐章。举个例子，开头部分是《垂怜经》，号召教堂会众承认自己以前曾伤害且不公正对待他人，并且乞求上帝原谅其不仁行为。此部分的音乐非常低沉忧郁，运用的是五声部赋格曲主题（包括女低音、第一女高音、第二女高音、男高音、男低音），以及逐步上升的旋律，辅以低吟的主题音乐，目的在于鼓励人们忏悔自己的过失，同时暗示他们有可能得到救赎。之后是《信经》部分，在这一部分人们表明宗教信仰，此时音乐更加激昂庄严。运用多声部搭配一系列的赋格曲行进。其目的在于帮助人们进入合适的状态，以更好地参与到宗教仪式的各个环节中。巴赫认识到人们需要鼓励才能萌生自信或感到歉意。然而人们也很容易分心。即便是在相当重要的时刻，也会心飘到九霄云外，琢磨一些琐碎的小事。巴赫十分明智地意识到这些问题，因此，他全力发挥自己的音乐才能，将自认为世上最重要的思想传播给普罗大众。

基督教对于管风琴的潜能也极感兴趣，将之广泛地应用到教堂之中。基督教对于管风琴所能发出的极低音符尤感兴趣。随着会众走进教堂，管风琴开始发出一系列深沉的和声。有时，某些低音符无法为人耳所听取，但其生理效应丝毫不减。这些深沉的震颤声必定会对情绪产生影响，让人们感到敬畏、谦逊和平静。

现代人对于上述努力可能持消极的看法。也许会认为这些做法是在摆布他人，要对"听众"进行洗脑。我们可以不认同他们意欲传递的信息，但是，应当看到心理资源在被全面调动起来之后所能产生的价值。尽管人们对于生活品质的提升有不同看法，但是我们可以支持这一根本观点，即人们能够且应该有条不紊地运用音乐和声音，以帮助自己控制、引导情绪，以期提升生活品质。

如果人们对于系统地发挥声音的潜能更具雄心壮志，以改善自身的情绪，尤其是让自己平静下来，那么在日常生活中，便会仔细审视那些令人心烦的导火索，并创建相应的播放列表。也许，清晨时分尤其适合听鲁特琴的琴声。此琴是一种遍布西非的传统乐器，声音洪亮而令人舒心，就像慈父一般。它由中空的、独木舟状的木头制成，上面蒙着一块风干的动物皮，像鼓一样。有时，我们可能需要一种非常欢快、激情四溢的音乐。和家人用餐之前，也许需要一些有效的干预，让自己活跃振作起来，就像在冲锋陷阵之前，战士们唱响歌曲以激励自己一样。又或者听些预示着永恒的音乐（如亨德尔所写的赞美诗），它会提高人们对某些琐碎烦心事的免疫力。

我们知道自己在处于某种情绪之中时，更易于向他人道歉，从而平息争端；或者倾向于平静地表明自己的需求，以避免引起憎恨；也有可能更易于走出挫折或平和地对待异议，并且做出让步，由他人做主。找到那些能帮我们进入有利状态的音乐，是一项极其严肃且大有助益的任务。过去，我们低估了它的价值，这是因为我们迟迟未发现情绪会对生活产生如此重大的影响，更未认识到正确管理情绪的重要性。

三　所处之地

有时，人们遇到某些比自身更为强大的事物时，会采取相当消极的应对措施。比如，我们初来乍到，只身一人在城市中闯荡，在上下班高峰期，我们在偌大的火车站或地铁站思考着何去何从时，消极低落的情绪便会袭来。我们认为没人了解自己，或在乎自己的困惑。所处之地的辽阔，让我们不得不面对不快的事实：自己相对于庞大的社会体制而言，是无足轻重的；那些我们看重的事情，于他人而言也并不重要。这可能会造成一种孤独的体验，令人崩溃，并加剧人们的不安和焦虑。

但是，与"大块头"打交道，也能给人们带来另一种影响，使之平静下来。

开完一连串令人懊恼的会议，走向机场时，看到日落西山的壮丽景象，层层云朵沐浴在金紫色的光芒之中，巨大的光束斜斜地划过城市天际线。记住此刻心中所感，而不必去思考其中的奥妙。似乎，人们的注意力已完全被云朵和山脉之间光芒四射的间隙所吸引，短暂地与宇宙融为一体。通常，天空并不起眼，但此时，它是如此迷人。会议上发生的事、巴黎团队不得不针对合同内容再次谈判……这一切原本令人抓狂，而此刻，似乎也没那么重要了。奇怪的是，当我们将思绪完全投入到比自身更宏大的事物上时，其结果是令人平静且安心的。

艺术家和哲学家将此种感觉命名为升华和崇高（the Sublime）。每当人们被那些强大的事物所打动时，便会产生这种感觉。它们用宏伟壮丽征服了我们，还让我们看清楚了自身的渺小。此时此刻，大自然似乎向我们发出了一种令人心生卑微之感的信息：人类生活的种种变故，对于万事万物而言，并非如此重要。奇怪的是人们对此并不感到痛苦，反而觉得心安、平静。

崇高的事物会让我们有平静之感，是因为它消除了我们生活中常见而持久的痛苦。人们自然会关心眼前正在发生的事情：对于那些与自身所处时空关系紧密的事物，出于本能会尤为关注；而对于那些与自身相距甚远的事物，则相应地采取较为疏远的态度。这种做法并不出人意料。比起那些五年前的往事，或未来有可能发生的事，当下之事才是与人们的生存息息相关的。看见蛇会躲，饿了就吃，这些都是人类的本能。将此延伸到现代生活，它意味着：昨晚夫妻二人为了盥洗室镜子上的一丁点儿牙膏而发生口角；周二早上为了赶在截止时间之前完成工作，你随时都准备发飙。但是相应地，对于一段感情、一份事业或整个人生而言，这些都是鸡毛蒜皮的小事。问题在于，人类的大脑构造会花最大的精力处理当前发生的事情。想要真正看清一切事情的重要性，人们得将其置于更大的框架下，以求参考借鉴。

崇高的事物所做的是加强人们与宏大的生存境地之间的联系，这很不寻常。也许，各种细节琐碎之事看起来很重要，因为它们决定着当下时刻，但人们不应将注意力放在此，而是应当把生活中的各种细节看作是一些小事，不会对自己构成重大威胁。截至目前，那些一直萦绕在人们心头的事情（如新加坡办公室出了什么状况？某个同事态度冷漠；对露台上应摆放什么样的家具意见不一致；等等）此刻也变得无关紧要了。通常来讲，那些微小的细节不可避免地会吸引人们的注意力，而崇高的事物则会将人们从中解救出来，使之关注真正重要的事。于是，当下的烦心之事暂时也就不那么恼人了。

将自己的境况与那些我们觉得更幸运的人作比较，我们自然会闷闷不乐，会感觉痛苦。这样的比较，会让我们对自己越发恼火，要是再努力一点，要是没有那么粗心大意，要是能克服懒惰的毛病……也许，我们现在也能和其他人平起平坐了。或者，我们会对外部的诸多障碍越发恼怒，因为它们阻拦了我们的道路。此时，放眼崇高的事物同样也会有所帮助，它不仅会让人们显得渺小，还削弱了所有的人类地位等级，至少在短时间内，那些烦扰着我们的东西看起来也相对不会引人注目了。人们站在大峡谷或是大海边，即便自己身旁站着一国之君或是公司总裁，也不会觉得他们有多么了不起了。

放眼望去，辽阔而常年干燥的沙漠，给人一种哲学上的平静：它意味着年复一年，一切几乎未有任何改变。也许一些石头会从中崩裂；也许会长出新的植物，勉强支撑为数不多的生命；而光与影的交织模式，也许会永远持续下去。人类关心的事与事物本身的轻重缓急之间有着鲜明的区别，此种区别对每个人都是平等的。沙漠的广阔空间并不单单是对我漠不关心，对于整个人类皆是如此。人们在意别人拥有更大的办公室或是担心自己的左后车轮有略微的剐痕，抑或沙发看起来像遭受虫蛀……对于浩瀚的时间和空间来说，没有什么意义。沙漠提升了人们的心境，让他们在面对成就大小、地位高低或是财产多寡等问题时，不至于格外感慨激动。似乎，沙漠让人们相信了某些正确、有用的观点，并且纠正、平衡了我们的标准思维方式，即我们大可不必为鸡毛蒜皮的琐事烦恼或生气。世上无紧急之事，因为事情进展的尺度是以百年来计算的。今日与明日本质上是一样的。而人们生活于世上只是一件短暂的小事，最终我们都会离开这个世界，仿佛从未来过一般。

这听起来好像尊严顿失，但我们应保持这种豁达的观点，否则将会夸大自身的重要性并深受其害。我们的确是渺小且无足轻重的。地球没了我们，还是照样转。崇高的事物并未通过提高他人来贬低我们，恰恰相反，它削弱了所有可怜人的地位。

至此，邂逅崇高的事物尽管多有裨益，但纯属偶然。人们只不过是偶然目睹了迷人的落日，或是飞机掠过多洛米蒂山脉（the Dolomites Mountains）、托罗斯山脉（the Taurus Mountains）上空时，偶然放眼窗外，看到了美不胜收的奇景罢了。然而，人们并未理解崇高的事物在自己情感生活中的地位，而且无法与之紧密相连。如果我们能发现其潜力，那么就该好好把握。我们应该制订计划，与沙漠、冰川和海洋来场定期的"约会"。

如何安排，我们已经胸有成竹，尽管它以一种略显不幸的形式出现。宗教通常会确保其信众每周都与崇高的事物接触，地点就在离其住所不远的大教堂或是礼拜堂。他们建造教堂的目的就在于让信众感到敬畏。但他们同时也希望，人们不仅仅是顺道拜访，而是能把做礼拜列入其每周事务安排表中。

假设你居住在维也纳郊区维登（Wieden），那么你可能每周日上午十一点都会到圣卡尔教堂（the Karlskirche）接触崇高的事物。这种礼拜仪式给人们带来心理上的慰藉，其实仪式本身与精心组织该仪式的宗教信仰之间截然不同。但是，在世界上许多地方，有组织的宗教信仰不断减少，这无意中减少了人们的集体努力，即经常性地重新唤起人们对于崇高的感觉。

旅行是感知升华和崇高的一个潜在来源。事实上，在历史的关键时刻，人们对于崇高事物的追求，成为了现代旅游业诞生的核心动机。十九世纪，出国旅行逐渐流行。直至二十世纪，日光浴才成为人们旅行的关注

点。而十九世纪最受欢迎的旅游胜地当属阿尔卑斯山
（Alps），人类渴望震撼。长期以来，大量的艺术作品和
诗歌，歌颂了山川的壮丽宏伟及其令人心平气和的力量，
这影响了人们对旅行的看法。

　　游客们不愿攀上顶峰，他们只想从附近的山谷凝视
顶峰。1816年7月，雪莱和妻子玛丽（Mary）、妻妹克
莱尔（Claire）参观了离日内瓦（Geneva）不远的霞慕
尼山谷（the Chamonix Valley）。他们住在隆德雷斯旅馆
（the Hotel de Londres）。雪莱尤其喜欢在阿尔沃河（River
Arve）附近的桥上散步。他在一首诗中写道，自己站在
桥上，极目远眺，看到飞流直下的瀑布、郁郁葱葱的山
峦以及层层叠叠的云朵，看到"在至高处，在目所未及
的高处，刺破无垠的天空，勃朗峰（Mont Blanc）高耸"。
在目睹勃朗峰的壮丽宏伟时，人们不禁思考生命的本源。
它纠正了人们的价值观。受雪莱的指引，后来的游客们
来此旅游的目的，也绝非仅仅是观光游玩，更是为了通
过与古老的花岗岩以及与崇高的事物的接触改造自己的

内心世界。人们进行外部的旅行，目的在于提升内心的修行。

诚然，今天的人们旅行的目的是为了寻找平静。许多景点在其广告中大肆宣扬其有舒缓身心的作用，并且鼓吹获得平静的最主要的方式在于休息和放松身体。然而，让以前的游客心驰神往的宏大主题，现如今却未得到充分利用，原因在于他们并不了解人们可以通过遇见更高层次的事物而获得平静。正确的观点是，我们之所以会焦虑紧张，不仅仅是因为疲倦，还因为我们错误地看待生活。因此，那些有助于人们认识到宏伟与渺小的旅行，才是真正有利于身心的旅行。

在传统社会里，崇高的事物给人们带来慰藉，其中一个令人安慰的视角是夜晚的星空。人们将视线从满目疮痍的大地转向天空，它的理性、有序与美丽给人们带来了慰藉。例如，古希腊人和古罗马人将他们所见的夜空中的光与神联系了起来，如罗马人将其分别命名为墨丘利（水星）、维纳斯（金星）、玛尔斯（火星）、朱庇特（木星），等等，加以崇拜。而如今人们虽然知道这些都是天上的行星，却依然沿用传统的称法。

很长一段时间以来，这一看法以这样或那样的形式存在着。十八世纪末期，德国哲学家伊曼努尔·康德（Immanuel Kant）认为"满天星斗"是大自然中最为壮丽的景观，而人们对这种超然的景象的思考，将有助于自身更好地应对日常生活中所遇到的艰辛。

尽管康德对方兴未艾的天文学很感兴趣，但是他仍认为满天繁星具有重要的心理疏导作用。不幸的是，自那以后，天体物理研究者对于星星的这一功能的研究却戛然而止了。要是在某一堂科学课上，教授的重点不是以下事实：毕宿星五是一颗橙红色巨星，其光度类型为 K5 III 类型；目前，它正以 $(1–1.6) \times 10^{-11} M\odot y^{-1}$ 的速率失去其质量并以 30km/s 的速度在太空穿行；而是讲授恒星组成的景致可以帮助人们管理情感生活以及协调与家人的关系，则会显得十分怪异。比起能够在银河系中控制太空火箭的飞行方向，显然，对于大多数人而言，学会如何更好地处理焦虑是更为紧急且重要的任务。自康德所处的时代以来，人类在科技发展上已经取得了巨大的进步，但是我们还没有恰当地探索开发太空作为智慧源泉的潜力。天体物理学家们似乎不愿触碰这一难题。

傍晚散步时，抬头仰望星空，你可以看到金星和木星在夜空中闪闪发光。若是夜色加深，也许还会看到其他一些星星，如猎户座星群等。这暗示着整个太阳系、银河系甚至是整个宇宙空间之广阔是无法想象的。它们就在那儿静静地转着，它们的光线倾泻而下，就像鬣狗正警惕地盯着一座石器时代的村庄，而尤利乌斯·恺撒（Julius Caesar）的三层桨战船于午夜时分出发，穿过航道，并于拂晓时抵达英格兰峭壁附近。夜空中的景色有宁神静气的效果，原因在于人们的麻烦事、失望或希望都与之无关。发生在我们身上的一切事情，或是我们的一切作为，于宇宙而言，都不会产生影响。

四　所经之时

要是有人问及研究历史有何意义，他势必会被视为不恭不敬之徒。历史是一门极为重要的学科，且由来已久。虽然历史究竟会给人们带来何等好处我们还不甚了了，但无须多加思索，我们自然而然就会认为了解过去对自己大有裨益。国家领导人可以借古鉴今，学以致用。比如，不可两面同时树敌，加快工业化发展势必带来严重后果，等等。那么，就个人生活而言，我们能从遥远的过去中学到什么呢？

历史的一大重要用途便是，人们可以将其作为治愈焦虑和恐慌的解药。比如，阅读古罗马历史学家苏维托尼乌斯（Suetonius）的著作。

盖乌斯·苏维托尼乌斯·特兰克维鲁斯（Gaius Suetonius Tranquillus）生于公元一世纪末，他曾为罗马帝国上层统治阶级效力多年，最终成为哈德良皇帝（Emperor Hadrian）的秘书长。苏维托尼乌斯是历史上首位试图准确描绘罗马帝国统治者真实情况的历史学家。在《罗马十二帝王传》(*The Twelve Caesars*)中，他记录了从尤利乌斯·恺撒到图密善(Domitian)的生平成就，并做了客观公平的概述。图密善的在位时间一直持续到公元九十六年，当时苏维托尼乌斯已经二十多岁了。之后，他从知情者的角度，记录了为罗马皇帝效力的情景及其鲜为人知的生活。他能接触到各种档案资料，也与当时的许多高官私交甚密。

苏维托尼乌斯在书中默默记载了最早统治西方世界的十二个帝王的种种蠢事和罪恶。其中包括：

尤利乌斯·恺撒："恺撒参加了大祭司竞选，为了成功当选，他不惜斥巨资贿赂。"

卡利古拉(Caligula)："卡利古拉下令，将许多体面的贵族打上烙印后遣送去挖煤、修路，或者抛给野兽食用。有的人被关进了狭小的囚笼里，因此他们不得不像动物那样匍匐在地。有的人被锯成两半。上述这些人并非犯了滔天大罪，仅仅是因为他们批评了卡利古拉举办的某场竞技会，或没有向他的保护神发誓而已。"

"卡利古拉偏爱把犯人折磨得遍体鳞伤的行刑手段，但他不会伤及犯人们的重要器官。他经常发号施令，'要让他求生不得，求死不能'。很快这一命令就广为人知了。"

尼禄（Nero）："他身披野兽皮，从兽笼里出来之后，冲着绑在木桩上的男男女女的私处就是一顿乱揍。"

"尼禄的狩猎方式之一便是袭击那些赴宴后回家的人。如果他们胆敢反抗，尼禄便会将其刺死，并将尸体抛进下水道。"

维特里乌斯（Vitellius）："维特里乌斯执政期间，穷奢极欲，残暴无情。一日四餐，即早餐、午餐、下午茶、晚餐。餐餐花天酒地，纸醉金迷。尤其是晚餐，夜夜狂饮痛啜。他千杯不倒的秘诀就是喝了吐，吐了再喝。"

"维特里乌斯的残暴之处在于，他常常不分青红皂白就滥杀和体罚无辜之人。"

图密善："在其统治初期，他终日深居简出，无所事事，成天只顾捕捉苍蝇，用尖笔刺杀苍蝇。"

虽然苏维托尼乌斯的笔下尽是一些怪诞之人（当时世界上最有权势的人物）和恐怖之事，但在阅读的过程中，人们却感到出奇地平静。你可以一边候机、吃苹果，一边阅读，于是飞机延误带来的烦恼也随之烟消云散了。又或者是与另一半激烈争吵之后，你也可以把自己裹得严严实实的，躺在床上，静静地翻阅此书。人们阅读此书的体验是如此放松，这似乎有点反常，因为苏维托尼乌斯表面上所记载的，尽是一些极不光彩的事件。但是，它却让人感到舒适、轻松。对于日常的烦心事，人们也不再感到郁闷；对于让自己丢脸的事，也似乎没那么憎恨了。

研究历史能使人心平气和的一个原因是，它往往是一种顺应力的叙述。卡利古拉和尼禄是十恶不赦的暴君。苏维托尼乌斯记录的内容还包括地震、瘟疫、战争、暴乱、叛乱、阴谋、背叛、政变，以及大屠杀。就该书本身而言，它所记载的社会极其腐败，而且已经腐败到骨子里了，所以它注定是要覆灭的。但事实上，罗马帝国是在苏维托尼乌斯的著作出版之后才进入最辉煌的时代的。约半个世纪后，斯多葛学派的哲学家、皇帝马可·奥勒留开始统治罗马，罗马帝国达到鼎盛时期。

匪夷所思的是，人们发现此书并非行将分崩离析的社会纪事录，它记载了一些骇人听闻的事件，但这些事件却与整体朝着和平与繁荣迸发的社会并行不悖。阅读苏维托尼乌斯的这本书使人们相信，社会出了问题并不是致命的。哪怕是大问题，也再正常不过。从这个角度上来看，相对于浏览当今的新闻，阅读古代历史会让人产生相反的感受。新闻的目标在于煽动大众的情绪。它总是试图告诉人们，某些令人惊恐不已的新情况、新事件正在涌现。如存在某种前所未有的健康隐患、国际冲突、全球稳定受到威胁，或是面临经济危机等。然而，苏维托尼乌斯对此一定会泰然处之。从前的新闻更为可怕，但问题最终都得到了圆满解决。有些人飞扬跋扈，这是常有的事。历史上并不缺乏此类例子：某些领袖让人失望，一些权贵十分贪婪。一直以来，人类及人类文明都面临着生存的威胁。我们想当然地认为，堕落或混乱是我们这个时代所独有的。这完全是无稽之谈，甚至可以说是畸形的自恋的表现。对于现代的种种丑闻，苏维托尼乌斯一定不会感到震惊，因为他听说过太多更加耸人听闻的事情。在看过他的作品之后，人们在不知不觉中变得不那么焦虑了，对于痛苦或困难，也能默默承受或泰然处之了。

将此种观点延展开来，它解释了为何比起父母，祖父母通常会以更为从容的方式抚养孩子。祖父母更能准确地把握许多问题的本质，了解这些都是普通问题，因此没必要大惊小怪。他们之所以能泰然处之，是因为他们有两大知识储备为基础。其一，祖父母懂得无论大人们做何努力，孩子们最终依然远远谈不上完美无缺，因此，大人们因为担心小孩子可能犯错误而感到忧虑，其实是杞人忧天。其二，祖父母同样懂得，即便出了点小问题，通常孩子们还是能够很好地应对。祖父母的过往经验让他们能够准确地洞察到危险并发现希望。历史鼓励人们不要惶恐不安。

十八世纪，爱德华·吉本（Edward Gibbon）编写了一部重要著作，名为《罗马帝国衰亡史》（*The History of the Decline and Fall of the Roman Empire*）。他深受苏维托尼乌斯的影响，认为"事实上，历史大抵是对人类的罪行、荒唐事及不幸的记录罢了"。吉本从罗马帝国的权势、安全性等方面开始着手，花了极大气力进行极为详尽的分析。全书共七卷[1]，吉本尽可能地描写了有关大罪过、大灾难、大垮台及大失败等内容。在此过程中，他发现了平静的深层来源。

罗马帝国历经许多个世纪，最终消亡了。吉本竭力记述大量事件，他动情地写道：尽管当时许多事件看起来非常重大，"但它们当中大多数在史书上留下的却只

---

[1]　《罗马帝国衰亡史》一书共六卷，此处疑为作者笔误。——译者注

有寥寥数笔"。一切终将被遗忘，我们及自身的烦恼也不例外。当下，人们安排事情的方式看似十分重要，但它们最终会变得极其怪诞且过时。历史起着矫正的作用。它之所以力量无穷，是因为它能平衡人们的关注点，让人不再以自我为中心。当人们认为当下便是一切的时候，历史给予了全新的认识。

吉本自己便是一个平心静气的人，终其一生，他大多时间在静静地伏案工作，默默应对生命中的苦难，令人钦佩。吉本与父亲之间的关系并不融洽。他无法与自己心爱的人结为连理，还常年遭受睾丸肿胀的折磨。然而，他并没有受到过往可怕事物，以及一切终将毁灭的影响，而失去内在的平静。之所以能保持平和，是因为他对历史理解得透彻，并深爱着它。

五　所触之感

很长一段时间以来，人们大多愿意承认性是合理的生理需求。现如今，人们清楚地了解到，如果性需求无法得到满足，那问题就大了。它可能使人压力倍增，与他人渐行渐远，或难以集中精力。但是，人们对于另一领域的身体需求并不完全了解，即感到焦虑或紧张时，人们真正需要的可能只是一个拥抱而已。通常，人们不会反对拥抱，却拒绝接受拥抱能够解决严重的情感需求问题这一说法。

人们认为拥抱主要与小孩子有关。一至四岁的小孩子经常需要大人们的拥抱，需要大人把他们放在摇篮里，或用手抱住，轻轻拍抚。人们觉得孩子无法凭一己之力处理好一切事情。有时，他们需要大人的照料、喂养、保护、支持，需要大人提供舒适的环境，并拥抱他们，让他们感到平静。父母的怀抱，一定程度上重现了胎儿尚在子宫时的零压力环境。人们并不能通过解释和讲道理来给予孩子帮助，他们只对触觉做出反应：温暖舒适的手让他们的身体得到抚慰、放松，帮助惴惴不安的心灵得到平静。

然而，单从身体角度而言，我们并不能完全理解拥抱的含义。拥抱给人带来的舒适和慰藉，与其所传递出的无言的承诺紧密交织。真正的拥抱能够为孩子提供保护。父母拥抱孩子的双臂会"击退"他们所害怕的一切事物，同时也会肃清萦绕在孩子脑海中的各种危险的想法。

人们真诚地拥抱时，它向外传递的信息是：乐于体贴、理解他人。意味着人们将不紧不慢地面对一切，不会做出消极判断，而是耐心找出事情的真相；人们以最具有善意的眼光来看待一切，给予他人同情，如有必要，也会原谅他人。对于小孩子面临的苦恼，通常成年人会看穿他们的困惑，并用自己的智慧将其拉回正轨，帮助孩子顺利地解决问题。父母拥抱孩子，意味着父母有解决问题的能力。拥抱如同一件伟大的艺术作品，它是人们重要思想的感官载体，是内心豁达的外在表现。也许，人们永远不会将此转化为言语，但它却是人们发挥智慧的来源。

随着孩子长大成人，他们的观点将会发生巨大的变化。他们认为，成年人理应独立自主、自给自足。要是有人建议我们需要某个更明智、强大的人来照料自己，我们就会变得十分警觉。要是有人暗示我们应该接受他人的资助或恩惠，我们便会恼羞成怒。我们最忌讳的观点之一便是家长式作风，即任由他人像父母那样管教自己。这对我们而言是莫大的耻辱。

受此种情绪的影响，人们很难严肃地对待拥抱的需求，似乎拥抱只是一种有趣的、可选择的社交方式，它只是握手的一种延伸或替代方式。当然，握手也足以表示友好，但它却无法表达出孩提时代，在人们记忆中，一个温暖的拥抱所传递出的善良与体贴。

指出某人需要他人的拥抱可能会让这个人颜面尽失。言下之意，至少他此时的举止就像个孩子。人们会认为此时他的情感需求本质上就很孩子气。承认自己需要温暖的拥抱，相当于承认自己无法解决问题，需要某个更聪明且更有能力的人给予保护、指引和帮助；同时，自己的问题和焦虑也需要某个更成熟的人予以重新解读。简而言之，此时此刻，自己就像个孩子，并且需要他人像父母那样照顾自己。

虽然人们不愿意承认，但事实上，在许多时候我们都应回归孩子般的状态。成年人有时会感到急躁易怒、失魂落魄、忐忑不安，认为突然间一切都如此不公，自己照顾自己的能力告竭。此时，为了找回自我，我们需要他人减轻自己的负担，需要有人像父母照顾孩子那样照顾我们。我们需要他人拍拍我们的头，让我们早早上床，帮我们盖好被子，并紧紧地拥抱我们。

人们很难承认自己出现"退化倾向"纯属正常，并且是十分合情理的，因为"退化"违背了个性和自尊。人们认为退化是可悲的，是自暴自弃。假设一个身高一米七四的人，他的职业是洗牙师或是商业诉讼专家，要承认自己受"退化"所困扰，于他而言是极其难堪的。

桑德罗·波提切利,《神秘的基督降生图》(局部)

因此,人们如果能接触到一些认真对待拥抱需求的
严肃、经典的文艺作品,对于改善心境将会大有裨益。
桑德罗·波提切利(Sandro Botticelli)对于父母与孩子
之间的拥抱观察入微,在其晚期作品《神秘的基督降生
图》(*The Mystical Nativity*)中,他描绘了天使拥抱成年

人的情景。

波提切利十分敏锐地认识到了这一点：不管外表上看起来多么活泼开朗，失败与恐惧仍旧蚕食着每个人。对成年人而言，拥抱并不能解决问题，这同时也说明，即便是强大的人，有时也难免会觉得自己像个孩子。人们不应投以鄙视的目光，而应给予无尽的善意和温暖。

人们有时需要回归孩子的状态，我们不应该将其视为不成熟的标志，而应该明白这是成年人的明智之举，即承认自身存在的缺陷与不足。我们可将其视为人们坦然承认自己肩上已经背负着过多的负担。回归孩子的状态意味着寻求他人的帮助是合理需求，而过去人们因为羞于求助，导致自己孤立无援。我们生活在一个充满竞争的世界，失败在所难免。人们对于许多事情都有很高的期待，也有很深的忧虑，如个人卫生、体重指数、食品安全、家庭生活、清理杂物、燃料消费、可支配的收入、住更高级的酒店、关键绩效指标、季度目标、永远都攒不够的退休金、拥有一套自己的房子、孩子的发展规划、全球安全，等等。偶尔回归孩子的状态，并不等同于放弃了以上的追求，而是说人们肩上的负担过重，稍作休息，不失为明智之举。

恋爱双方要是更为成熟体贴，则会互相体谅，因为对方有时可能会回归小孩子的状态。爱一个人，意味着要接纳对方的此类需求，并保持豁达的态度。理想情况下，对方（他人）因回归孩子状态时而做出的奇怪举动，本身暗示着他认为和你在一起时，可以暂时宣泄自己的感伤，而无须有所顾忌。爱一个人，不仅仅是欣赏赞扬其优点，还应该学会在其脆弱的时刻，照顾和保护他。向他人寻求拥抱，需要的不仅仅是身体上的接触，它有着更深的含义，即人们愿意承认自己无法解决问题，并请求他人的保护和支持。我们的文化崇尚高度竞争、个人奋斗，但拥抱象征着我们的文化所缺失的东西，即积极承认人是具有依赖性和脆弱性的。

结语　平静的生活

　　一想到最终我们会获得深沉、永恒的平静，不禁心里美滋滋的。但是这种期待有时也会成为困扰之源。把目光锁定在一个表面看起来非常有吸引力，其实难以实现的目标上会导致失望与挫败感。我们在波澜不兴的心境之理想方面的投资越大，如果最终无法如愿以偿，那么就会越失望。结果当然是痛苦的，但是期望与现实之间存在的冲突又有其滑稽的一面。比如，有一位瑜伽大师，长年累月在深山老林里修炼，终有一天学成之后，打点行装，准备教世人如何寻求内心的淡定从容。但是由于在机场行李提取处，他的行李迟迟没有出现，他焦虑万分，不知所措。举这个例子的意思不是说他的举止有多可笑。我们之所以欣慰，是因为我们发现，着急上火其实并不是我们这些凡夫俗子的专利，世间众人皆是如此。

我们可别指望能够将焦虑去除得一干二净。我们的内心有许许多多根深蒂固的焦虑。困扰我们的并非某种特定的东西。回顾过往，我们无可避免地会得出一种无可奈何的结论：我们打心眼里就经常焦虑，这是人类的本质。我们每天都会关注这种或那种可能导致焦虑的事物，但是真正难以接受的是，焦虑是生命的一种永久特征，某种不可改变的、根深蒂固的特征——人生苦短，但是如此短暂的人生却有相当一部分时间要为此烦恼。某些地方的人们的梦想就是旅行。在一个阳光明媚的岛屿，我们最终找到了心灵的宁静：清澈的蓝天之下，在一座离城市十一个半小时的岛屿之上，煦暖的海水拍打着我们的双脚，我们住进了码头边上的海景别墅，盖着埃及羊毛被褥，享受着轻风吹拂。我们只要这样待上几个月时间，一大笔钱就没了。

或者，如果房子里的一切如我们所愿，我们也会无比平静，比如：每样东西各就其位，绝不乱堆乱放；朴实无华的墙壁、宽敞的储物空间、实木家具、石灰岩、嵌入式灯具以及数不胜数的新家电。

又或者，我们晋升到某个理想的职位；小说大卖；电影终于杀青；我们的股票市值飙升到了 50 亿英镑——我们走进一个坐满陌生人的房间，里面的每个人都认识我们！

再或者，生活中遇到了一个称心如意的人（这种想法往往也是我们最为珍视的），那么我们就会心平气和。这个人不仅善解人意，而且相处起来一点也不累，他善良、活泼、富有同情心，眼睛里不但充满了智慧的光芒，也流露出真情实意。我们愿意像孩子一样，静静地躺在他的臂弯里——尽管我们做不到不吵不闹。

旅行、美、地位和爱——这是当代人的四大理想，我们以为从中可以获得向往已久的宁静。当代经济之所以发达，大多是因为我们的这些理想在激励着自己不断进取：机场、长途航班、度假酒店；过热的房地产市场、家具公司和道德败坏的建筑承包商；社交活动、阿谀奉承的媒体、竞争性十足的商业交易；迷人的演员、让人心潮澎湃的情歌和忙得不可开交的离婚律师。

尽管我们为追求这些目标投入了极大的热情，做出了巨大的承诺，但是没有一样东西能够起作用。在沙滩上我们一样会焦虑，在流光溢彩的家中，在公司销售节节攀升之际，在任何一个我们曾经向往的人的臂弯里，无论我们尽了多大的努力，一样会感到焦虑。

焦虑是一种基本的常态，具体原因如下：

——因为我们的身体极其脆弱：我们的身体是由各种各样脆弱的器官所组成的，这些器官无时无刻不在嘀嘀嗒嗒地计算着时间，最终它们会选择某一时刻停止工作。这不啻一场灾难。

——因为我们在做出一生中最重要的决定时缺乏足够的信息：我们在踟蹰前行时，或多或少是盲目的。

——因为我们生活在一个移动媒体时代，有着丰富的想象力，所以妒忌和不安都会成为常态。

——因为我们是最懂得焦虑的物种的后代，其他物种早已被狂野猛兽践踏并撕裂了。而且我们的骨子里还带有对大草原的恐惧，并将这种恐惧也带入了平静的郊区。

——因为我们职业的晋升和经济上的成就，都取决于一种不受控制的资本主义引擎的强硬、竞争激烈、破坏性强、随机性大的操作方式。

——因为我们的自尊与舒适感取决于那些我们无法控制的人，那些无论是行为与希望都无法与我们无缝对接的人。

列举这些原因的目的并不是说我们没有更好或者更坏的方法来应对我们的处境。

最简单的做法就是接受。第一要务就是：我们完全没有必要因为我们是焦虑的而感到焦虑。出现这种情绪不代表生活出现了问题，它仅仅证明我们是活生生的人。

我们不能卸下孤独的负担。而孤独并非我们所独有。

每个人都很孤独，只不过他们不愿意承认罢了。哪怕是富翁，或者恋爱中的人们也可能在孤独中挣扎，只是我们大家都不承认自己的真实面目而已。

我们必须学会笑对焦虑——笑声是放松自我的、最张扬的表现方式。至此，我们原本暗暗承受的痛苦以"笑话"这种精心雕琢的社交用语呈现出来。我们必须独自承受。不过我们可以向同样备受折磨，受伤不浅，而且同样焦虑的邻人伸出我们的双臂，以一种最温柔的方式对他们说："我知道……"

平静的生活并不总是完全平静的。这是一个我们致力于更容易平静下来的地方，也是一个我们为更真实的期望而奋斗的地方。在这里，我们可以更好地理解为什么会出现某些问题，而且找到一种更令人心安的视角。进步的过程是极其有限，也是极不完美的，但却是真实的。

我们越是觉得平静重要，越会经常意识到，其实我们只有些许平静的时光，由此对于自己频繁地出现气恼和失望的感觉就会更加敏感。我们会觉得自己变得可笑、言不由衷。那么投身于平静是否意味着持续的平静呢？做出这样一种价值判断并不公正，因为我们并不可能永远都保持平静。我们应该致力于让自己变得更加平静，这才是真正有用的。你只有热情洋溢地追求平静之时，才是平静的爱好者，我们并不要求你在所有的时候都能保持平静。即便我们经常无法如愿，我们矢志不渝地追求平静也算是真心实意的表现。

再者，从心理学的角度来看，还有一个规律，即越是希望平静的人越有可能容易被激怒，而且就本质而言，焦虑的程度也会越高。我们对于喜爱平静的人有一种错误的看法，认为他们是人类这一物种中最平和的人。我们受到一种背景的误导，即喜爱某种东西的人一定是这方面的行家里手。但是喜爱某种东西的人往往会强烈地感觉到自己对此的缺乏。所以，他们才会觉得自己是多么需要这种东西。

艺术史中有一种类似的东西，同样也受到了这一心理规律的影响——这是德国哲学家威廉·沃林格（Wilhelm Worringer）发现的，他写了一篇题为《抽象与移情》（Abstraction and Empathy，1907）的论文。沃林格把关注点放在一些社会与文化大骚动时期，同时他对于具有平复心灵功效的作品也尤其关注。伊斯坦布尔令人宁心静气的大型蓝色清真寺是在十七世纪早期建造的，与奥斯曼帝国卷入了接二连三的战争的时间恰好吻合。该工程正是在吃了某次败仗后启动的。宏大的内部空间，精致抽象的瓷砖，犹如形如流水一般，起到了一种安神静气的作用。崇尚平静并不是一个人现有的平静能力的体现。对平静的渴望是人的品格中，一种非常重要且宝贵的部分，尤其是内心混乱的时候。如果你只关注个人的积极行为，那么你只把握住了心态很小的一部分。你需要看到或想象的是他们的渴望。比如，尽管他有时会"砰"的一声关上门，觉得怒火中烧，觉得倒霉，感觉心烦意乱，但他仍然是一个真正值得尊敬的冷静的爱人。

我们的文化对于平静往往光说不练。我们当然不会瞧不起它。但是，同样地，我们并没有把平静看成是美好生活的一个重要部分。因此，在我们深入了解之后，我们会发现，关于冷静生活或平静生活的想法，并不是一种真正正面的看法。当我们说某个人想要获得一种平静的生活，其实是在婉转地指责他们放弃了一种严肃而热情洋溢，当然也是更有收获、更具挑战性的生存方式。我们往往把拥有平静闲暇的时光与休养生息和退休时光相提并论。换言之，你只有在不需要面对激动人心的生活选择时，才会选择一种更为平静的生活。但是，这并不是平静在我们生活中的作用的真实写照。保持相对平静是从容面对多个领域中的生活方式的前提。选择平静的生活并不是做出让步——它往往更加精确地表明了我们应该如何更好地生活，才会奏出生活的华丽乐章。

我们的社会所做出的投资，即美好生活的关键因素，就是钱。我们经常被提醒，钱越多，满足感就越高。但是我们并不清楚，赚钱的过程中我们也投入了一系列内在的心理机会成本，而这些往往是被忽略的。为了得到财富，我们付出了一个又一个难以言状的夜晚；我们在与人相处时情绪越来越烦躁；与家人越来越疏远；甚至离生活也越来越遥远。我们不仅要看积累了多少财富，还要看在积累的过程中失去了多少平静。

我们的社会大肆宣传金钱的种种好处，但是为了赚钱，我们也放弃了很多对我们大有裨益的机会（如我们可能因此获得内心的安宁等），但社会对此则鲜有关注。

对于我们大多数人而言，想要思考平静生活可能带来的种种好处，是一件相当困难的事，因为此类生活的辩护者们一般来自于社会的犄角旮旯，如懒汉、嬉皮士、害怕工作的人、下岗员工……这些人似乎永远都不知道如何安排自己的生活。平静的生活好像是由于他们能力不足，而强加于他们身上的一种东西。那是一种表示怜悯的安慰奖。

但是，当我们认真审视相关事实时，就会发现忙碌生活的附加成本非常高。这同样也是被我们忽视的成本。令人瞩目的成功使我们招致了陌生人的嫉妒和竞争。

我们可能成了让人失望与被嘲讽的对象。似乎某些人无法取得成功是我们的错。地位越高的人越害怕失去这样的权力。稍有怠慢，我们可能都会牢记在心。销售业绩略有下滑，别人对我们的关注程度便会下降；他人的溜须拍马一旦减少，对于我们来说仿佛就是一场灾难。报复性丑闻的威胁困扰着我们。尽管我们拥有一些特权，但奇怪的是特权仿佛越来越少。我们对于时间的控制能力极为有限。

我们可能有能力关闭印度的某家工厂。在一个组织内部，我们每说一个字，别人都会无比尊敬，甚至战战兢兢地聆听着。但我们绝对不能做的是，承认自己也会疲惫，或午后只想坐在沙发上看书而已。我们不再表现出真性情，也不再表现出更具想象力和脆弱性的一面。我们所说的话影响力过于深远，所以必须时时刻刻保持警惕，其他人还指望着我们的指导，把我们当成权威。

渐渐地，除了自身的财富、地位，对于那些仍然爱着我们的人来说我们已经陌生了。我们越来越依赖于只看重我们所取得的成功的那些人的飘忽不定的注意力。我们的孩子不会特别高看我们了，配偶也越来越尖酸刻薄。我们可能富可敌国，但是，至少十年来，根本就没有一天闲工夫。

耶稣这位西方历史上最著名的文化人物，对于平静的生活可能带来的好处非常感兴趣。《马可福音》（6：8-9）说："行路的时候不要带食物和口袋，腰袋里也不要带钱，除了拐杖以外，什么都不要带；只要穿鞋，也不要穿两件褂子。"基督教打开了我们重要的想象空间，《圣经》对于两种贫穷进行了区别，一种是自觉的贫穷，另一种是不自觉的贫穷。在历史长河中的我们，此时此刻有一种根深蒂固的思想，那就是贫穷必须永远是不自觉的，所以往往是缺乏天赋、不够努力的体现。我们甚至无法将其想象为聪明且掌握熟练技能的人，在对成本与收益做了理性分析之后所做出的自由选择。某人有可能决定放弃收入更为丰厚的工作，或者不出版新书，不追求更高的职位——他们之所以这么做不是因为他们没有机会，而是因为他们认真研究了各种外在的条件——他们选择不要与之抗争。

1204年是基督教历史上关键的一年。这一年，有一个富裕的年轻人 [今天人称阿西西的圣弗朗西斯（St. Francis of Assisi）] 自动放弃了世俗的一切。其实他拥有的东西还真不少，有好几套房子、一个农场、一条船。他这么做并非迫于外在压力。他只是觉得这些东西会干扰他获得真正想要的东西，即有机会思考基督的教义，去尊崇创世主，去欣赏花草树木，去帮助社会上最贫穷的人们。

中国文化也十分推崇隐士。所谓隐士就是那些抛下凡尘俗世，抛下政治与商界的种种纷扰，躲到深山老林里去的人。他们通常住在茅草屋里。这种传统始于公元四世纪。当时有一位政府官员名叫陶渊明，他自动放弃了朝廷的厚禄，归隐田园，务农、酿酒、写作。他的诗歌《饮酒》描绘了清贫的生活带给他的种种富足感：

采菊东篱下，悠然见南山。

山气日夕佳，飞鸟相与还。

此中有真意，欲辨已忘言。

陶渊明笔下的田园生活成了中国艺术与文学中的一个重要主题。陶渊明的草堂位于庐山附近。在他的精神鼓舞之下，其他人也渐渐看到了陋室草堂的妙处。唐代的一些诗人也经历过隐退时期。白居易写过一首诗，以生动活泼的语言描绘了自己在森林边缘的一间草堂，列举了屋中简陋天然的设施。如"五架三间新草堂，石阶桂柱竹编墙"。居住在四川成都的诗人杜甫，写了一首《茅屋为秋风所破歌》。与其说它是一曲哀悼的挽歌，不如说是对自由的礼赞。因为住得简单，所以大风把茅屋吹倒了也没什么可惜。

对于我们很多人来说，能带来巨大声望的职业选择很多。如果有人问我们从事什么工作，我们的回答很可能会让他们艳羡不已。但是，这并不代表我们必须或应该追随这样的生活。当我们意识到自己真正要为某种职业付出何样的代价时，可能就会明白，我们并不想为他人的嫉妒、担心、欺骗和焦虑买单。我们可能为了真正的财富，会自觉而又不失尊严地选择一种稍微贫穷、没有那么出人头地的生活。

理论上说，我们纯粹可以出于个人决定而选择平静的生活，如果这确实是我们想要的。我们不需要征求他人的同意，不需要过多地考虑他人的态度是否与我们一致。我们希望可以理直气壮地认为自己是真正独立的。但在实践中，我们究竟是认为自己的所作所为是正常的（言下之意是很多人可以看到且会赞成我们的做法），还是略显古怪（即有人觉得奇怪，甚至不赞成），这两者其实是有很大区别的。人类是一种社会动物，这意味着我们会不断地从身边人的行为举止中找到蛛丝马迹，由此来判断孰轻孰重。当然，这种说法并非绝对，我们关于什么是正常的整体想法，对我们的行为和思想会有一种强大的塑造力。拜金也好，喜欢折腾也罢，都是社会决定的。我们并不是一出生就知道创业，知道去加勒比海岸度假。我们从他人身上学会了生命中的重中之重，对成功有了自己的愿景，进而也有了远大的抱负。但是要平衡这一切，我们需要相应水平的文化帮助。

从理想的角度来看，人们会强烈地意识到，我们对平静的追求在美好生活中起到一种巨大的、中心的作用。但是，我们尚未拥有这一切。公众对于成功的愿景仍然过多地集中于激励与兴奋。要发生这种变化，我们就需要对平静的生活的价值，以及对平静的生活有所贡献的一切，有一种强有力的认可。我们所说的文化从本质上而言就是宣传和传播思想。文化对我们如何生活、如何思维、判断轻重缓急都有过暗示。西方文化就整体而论，在近几十年来，尤其注重于弘扬平静生活。我们需要更多伟大的、更有影响力的、声望更高的人站出来发声，宣扬平静生活的吸引力。在一个平静的乌托邦里，流行歌曲和火爆的电子游戏都会围绕着谦逊、耐心和对小确幸的欣赏而制作。此时此刻，这一切似乎还难以想象，因为在我们看来，流行不是应该与亢奋息息相关吗？

但是，从理论上来说，要增加平静生活的吸引力并非不可能，只是略为困难而已。这种技能的出现是发展一种更平静的文化的关键，从而减轻了个人获得平静生活的难度。当然，这只是一种幻想，但是它为我们指明了一个重要的方向。我们希望这本书——你马上要合上的这本书——是对更加平静的生活的一种微薄但真正有用的贡献。

人生学校：平静的力量

图书在版编目（CIP）数据

人生学校．平静的力量 / 英国人生学校编著；王绍
祥译 . — 北京：北京联合出版公司 , 2018.11（2022.3 重印）
ISBN 978-7-5596-2683-7

Ⅰ . ①人… Ⅱ . ①英… ②王… Ⅲ . ①心理学－青年
读物 Ⅳ . ① B84-49

中国版本图书馆 CIP 数据核字 (2018) 第 223728 号

[英]人生学校 编著
王绍祥 译

Calm

by The School of Life

北京市版权局著作权合同登记号 图字:01-2018-6425 号

选题策划	联合天际·综合产品工作室
责任编辑	杨芳云
特约编辑	桂 桂
封面设计	@broussaille 私制
版式设计	汐 和
内文排版	小圆子

未读 ᴬ生活家
DR

出 版	北京联合出版公司
	北京市西城区德外大街 83 号楼 9 层 100088
发 行	北京联合天畅文化传播有限公司
印 刷	北京联兴盛业印刷股份有限公司
经 销	新华书店
字 数	63 千字
开 本	787 毫米 × 1092 毫米 1/32 6 印张
版 次	2018 年 11 月第 1 版 2022 年 3 月第 3 次印刷
I S B N	978-7-5596-2683-7
定 价	58.00 元

关注未读好书

未读 CLUB
会员服务平台